The Standardization Establishment of Expressway Construction in the Arid and Windy Region of Xinjiang

新疆干旱大风地区高速公路施工标准化建设

（路基桥涵部分）

——连霍国家高速公路G30吐鲁番至小草湖段项目施工标准化实战经验

邓长忠　主　编
黄　勇　李代锋　胡雅群　副主编

人民交通出版社股份有限公司
China Communications Press Co.,Ltd.

内 容 提 要

本书是新疆交通建设管理局依托连霍国家高速公路G30线吐鲁番至小草湖段公路工程项目，根据吐鲁番地区的地理、气候特点，将该地区高速公路路基、桥涵的建设经验总结而成。主要介绍了大风、高温、干旱条件下高速公路路基及桥涵施工的特点与经验，内容包括高速公路路基施工、预制场建设、梁板及小型构件预制施工、钢筋保护层质量控制、大风高温气候下混凝土养生、施工用电及安全和工地信息化建设。

本书可供公路工程建设相关管理、施工技术人员使用。

图书在版编目(CIP)数据

新疆干旱大风地区高速公路施工标准化建设：连霍国家高速公路G30吐鲁番至小草湖段项目施工标准化实战经验．路基桥涵部分／邓长忠主编．—北京：人民交通出版社股份有限公司，2017.6

ISBN 978-7-114-13684-9

Ⅰ.①新… Ⅱ.①邓… Ⅲ.①高速公路—道路施工—标准化管理—新疆 Ⅳ.①U415.1

中国版本图书馆CIP数据核字(2017)第030353号

书　　名：新疆干旱大风地区高速公路施工标准化建设(路基桥涵部分)
——连霍国家高速公路G30吐鲁番至小草湖段项目施工标准化实战经验

著 作 者：邓长忠

责任编辑：牛家鸣

出版发行：人民交通出版社股份有限公司

地　　址：(100011)北京市朝阳区安定门外外馆斜街3号

网　　址：http://www.ccpress.com.cn

销售电话：(010)59757973

总 经 销：人民交通出版社股份有限公司发行部

经　　销：各地新华书店

印　　刷：中国电影出版社印刷厂

开　　本：787×1092　1/16

印　　张：8.25

字　　数：182千

版　　次：2017年6月　第1版

印　　次：2017年6月　第1次印刷

书　　号：ISBN 978-7-114-13684-9

定　　价：80.00元

本书编委会

序

随着高速公路施工标准化活动在全国范围内进行得如火如荼，高速标准化施工的意义和作用逐渐显现出来，高速公路建设质量得到了更为具体规范的保证，建设过程中一些质量通病已经得到有效缓解，各省份在实施高速公路标准化施工的过程中也发现和总结了影响高速公路标准化施工的关键问题。

本书依托西部地区特殊环境下公路养护协同创新平台，结合连霍国家高速G30吐鲁番至小草湖项目的实战经验，总结出了一套适用于新疆特殊环境下的高速公路路基桥涵施工标准化建设的实效方法，阐明了高速公路建设当中开展施工标准化活动的必要性，在满足实际生产能力需要的同时，保证了生产过程中的质量控制以及人员安全。

新疆维吾尔自治区位于中国西北边陲，是中国陆地面积最大的省级行政区，面积166万平方公里，占中国国土总面积六分之一，也是丝绸之路经济带的重要节点，现在是第二座“亚欧大陆桥”的必经之地，战略位置十分重要，所以新疆的公路建设也间接影响着我国与中亚国家在经济贸易等领域的合作。新疆在“十三五”期间将力争完成交通基础设施建设投资1万亿元，其中，高速公路总投资约4787亿元，所以新疆的高速公路建设将进入到一个前所未有的发展时期。而本书中所介绍的路基施工、预制场场站布置及预制施工、钢筋保护层质量控制方法、大风高温环境下的养生方法以及信息化施工建设方案，可为广大公路建设者在类似于新疆这种特殊环境下进行高速公路建设提供参考，为推进交通项目建设发展献计献策。力图通过实际的工作经验总结、科学有效的行动举措和实实在在的工作业绩，为国家经济稳增长助力，并努力满足人民群众对交通运输发展的新期盼。

丁争纲

2017年2月

前　言

新疆维吾尔自治区交通运输厅于2011年3月实施公路建设标准化管理。标准化的全面推行,对于规范公路工程施工管理,做到规范化、标准化、精细化施工,有效遏制公路工程质量通病,确保项目管理规范,工程质量安全可靠、实用耐久,工程实体内实外美及与生态景观相协调等,具有重要的意义。

为贯彻《新疆维吾尔自治区交通建设工程质量年活动方案》的要求,积极推行高速公路施工标准化,进一步提高项目工程质量、安全管理及文明施工管理水平,连霍国家高速公路G30吐鲁番至小草湖项目(以下简称"吐小项目")根据交通运输部《高速公路施工标准化技术指南》及《新疆维吾尔自治区公路施工标准化手册》积极推行标准化施工,围绕施工标准化要求,从当地实际出发,细化施工过程控制,推广成熟工艺和先进技术,着力解决质量通病问题,力争实现质量目标。主要从以下四个方面落实标准化:一是开展《新疆维吾尔自治区公路施工标准化手册》的培训、宣贯和学习,让一线施工人员掌握施工标准化管理的核心和精髓,重点抓好施工现场管理标准化和施工作业标准化;二是以项目经理牵头,在施工现场选取路基、涵洞、小桥、梁场各一个工点作为施工标准化示范点,由工点向工序延伸,由注重驻地场站建设标准化向建设人员管理标准化、施工现场标准化及施工作业标准化方面延伸;三是积极检查指导和考核评比各作业队标准化执行情况,将施工标准化落在每一道工序、每一个从业人员的行为规范上;四是建立合同约束机制,强化违约责任追究制度,将标准化管理的各项要求纳入到施工合同中。

2016年,新疆维吾尔自治区交通建设工程质量工作会议上传达出一个强烈信号:新疆维吾尔自治区交通运输厅将开展为期3年的交通建设工程质量年活动,以加大对全疆交通基本建设项目、农村公路、客运场站等质量检查,达到从提高工程质量到提高全区经济质量的目标。为积极响应新疆维吾尔自治区交通运输厅质量年活动,吐小项目首先健全质量管理责任体系,切实落实参建各方责任;继续开展现代工程管理,推进工程"五化"建设;梳理排查工程项目质量通病,学习教育质量通病的预防知识;完善信用评价体系,加强采信、登记和评价;加强勘察设计质量管理,提高工程勘察设计水平;强化合同管理,提高合同履约水平;加强试验检测能力建设,为质量控制提供科学依据;构建工程建设综合信息平台,推进工程信息化管理;加强监督检查和考核,确保活动取得明显成效,保障质量年活动顺利开展。

本书主要讲述吐小项目路基与桥涵的施工标准化,而路面施工的编写工作会根据后期此书读者需求而定。全书共分为8章:第1章为路基施工,主要介绍了高温干旱地区路基施工特点;第2章为预制场建设,介绍了该地区预制场的规划及注意事项;第3章为梁板及小型构件预制施工,介绍了该项目梁预制过程中所遇到的问题及解决方法;第4章为钢筋保护层质量控制,介绍了该项目各标段钢筋保护层厚度合格率提高到90%以上的方法;第5章为大风高温气候下的混凝土养生,介绍了该地区几种有效的混凝土养生方法;第6章~第8章介绍了施工用电及安全、工地信息化建设的方法及吐小项目大事记。

本书在编写过程中得到了新疆交通建设管理局连霍G30线吐鲁番至小草湖段公路工程项目建设指挥部、新疆交通建设集团股份有限公司、新疆交建科学技术院有限公司、交通运输行业西部地区特殊环境下公路养护技术协同创新平台、中铁一局集团有限公司、中交一公局第一工程有限公司、贵州省公路工程集团有限公司、核工业西南建设集团有限公司的大力支持,在此表示感谢。

由于时间有限、编者水平有限,书中难免存在不完善之处,希望读者批评指正。

作　者

2016年12月

目　　录

第1章　路基施工

1.1　概　　况

为提高新疆维吾尔自治区高速公路建设管理和工程质量水平，促进路基施工管理的标准化、科学化和规范化，确保各环节工作严谨到位、紧凑有序、效率突出、质量优良，连霍国家高速公路G30吐鲁番至小草湖段（以下简称"吐小项目"）项目指挥部根据项目所在区域气候干旱少雨、大风、高温，自然环境极端、施工难度较大的实际情况，带领全体建设者，精心组织、严抓落实、认真安排，顺利完成了吐小项目的路基工程。现将其施工工艺及工法编写出来，仅作为类似工程施工参考。

1）地理分布及对公路路基建设的影响

（1）地理分布。

吐鲁番地区深居亚欧大陆腹地，远离海洋，东至太平洋2 500～4 000km，西距大西洋6 000～7 500km，南至印度洋1 700～3 400km，北至北冰洋2 500～4 500km。该地区地质构造复杂，西邻天山山脉，按其区域大构造单元板块构造理论，属于西伯利亚板块。板块构造在漫长的地壳演化过程中经历了复杂的地质构造演化阶段，留下了丰富的地质构造行迹和复杂的地质地貌特征以及独特的自然地理景观。

在漫长的地质史上，该板块经历了离散→聚合→裂解→拼合的复杂过程，板块的俯冲、碰撞、推覆形成吐鲁番盆地。隆起的山地和压陷的盆地受深大断裂控制，界限分明，表现为盆地比较稳定，特别是吐鲁番盆地相当稳定，褶皱和断裂十分轻微，保存着完整的块状地形，上覆岩层倾斜和缓，只有在地块边缘部分的凹陷区有显著褶皱；山地则凹陷和褶皱剧烈，并遭受长期剥蚀，受到幅度巨大的褶皱断裂作用而成为一系列山脉，或被断裂分割成许多次一级的楔形地块和山间盆地，盆地和山脉的边缘地带是火山、地震和主要地貌变形的地带。复杂的地理环境对该地区路基施工提出了更高的要求。

（2）地理分布对公路路基建设的影响。

吐鲁番盆地地形平坦，盆地边缘多为山前倾斜平原或冲洪积扇及绿洲平原，对路网布局规划限制不大，公路易争取到较高等级，路线的设计指标也较高，是新疆公路网主骨架的主要分布地带。路基一般以低填方为主，土石方数量少，公路造价低。盆地附近沙漠地带，多呈绵延起伏的沙丘，部分高大起伏的沙山和丘间平缓沙地，多属微丘地形。沙漠这种特殊的风沙地貌，对公路网的布局限制较大，公路选线困难，且在流动性沙漠地区筑路，极易造成公路沙埋、风蚀等病害。

2）气候特征及对公路路基建设的影响

吐鲁番地区处欧亚大陆腹地，远离海洋，并受青藏高原的影响，更直接的原因是新疆周边及内部的"三山夹两盆"的大地构造和地貌格局，在大气环流和太阳辐射等因子的影响和作用下，形成了典型的温带大陆性暖温带荒漠气候。荒漠气候的特征为：降水稀少，分布不均；日照充沛，蒸发强烈；季节特征显著，气温变化大；风大沙多。

(1)降雨稀少且分布不均。

吐鲁番地区降雨稀少，年平均降雨量只有15mm，仅为全国平均降雨量的1%。且降雨分布不均，地域分布明显。吐鲁番盆地西部托克逊的年均降雨量仅有7.1mm，呈盆地边缘多于盆地腹地，迎风坡多于被风坡的分布规律；山区降水较多。

(2)日照充沛，蒸发强烈。

吐鲁番盆地和平原地区光热资源丰富，全年日照时间达2 550～3 500h，每天平均日照时间为7～9.6h，日照充沛，在地区分布上呈从东北向西南递减的趋势。一年中7月份日照最长，12月～次年1月最短。

年蒸发量在2 000～2 500mm，各地蒸发量的分布规律是南部大于北部，东部大于西部，盆地腹地大于盆地边缘，多风区大于少风区，全年中以春末夏初最为强烈。

(3)季节特征显著，气温变化大。

吐鲁番盆地冬季严寒漫长，持续时间约为5个月；春季升温快，但极不稳定，多有寒潮侵袭造成回寒；春秋多大风；入秋气温下降显著，气温平均月下降10℃左右；春、秋季月平均气温变化剧烈，但以春季变化幅度为最大。气温的日变化很大，平均日温差都高于11℃，最大的日温差达到20℃。

(4)风大沙多。

吐鲁番地区属于多风地区，且风力大。大风日数的分布特征与大气环流和地形有关，大风多集中于山口、河谷、高山地带。风速呈高山大、盆地小，风口风速最大的规律。该地区是大风高值区，著名的吐鲁番盆地西部与东部的"三十里风区"和"百里风区"等地大于8级以上的大风日数均在100d以上。全年以春季风速最大，夏季次之，冬季最小。

总之，吐鲁番地区气候特征及分布规律不仅有南北纬向地带性差异，还有东西经度引起的水分和温度水平地带性差异、盆地和平原的地貌差异、海拔高度引起的垂直地带性差异等，是各地自然条件的区域差异性地带性和非地带性共同作用的结果。

(5)干旱气候对公路路基建设的影响。

地下水埋深较浅、有地表积水地区，特别是盆地边缘的绿洲区，路基易处于中湿或潮湿状态，受冬季负温和春季升温影响，公路易产生冻胀、翻浆、盐胀。而降水稀少、蒸发强烈的极干旱区，路基一般处于干燥状态，需要采用"闷料"工艺使路基填料保持最佳含水率。

3)水文及水文地质特征

吐鲁番地区降雨稀少，年平均降雨量小，并受地形、土壤、植被等因素影响，水文和水文地质条件具有以下特征：

(1)地表径流不发育、分布不均，且存在大面积的无流区。

受地貌、气候等因素的影响，山区降水丰富，是河流的发源地，地表径流的形成区水系发育。山区河流水量从河源至山口逐渐增加，河流流出山口后，被渠道大量引到灌区。而山前平原降水少，地面平坦，集流缓慢，降水几乎全部耗失于地面蒸发和下渗于山前松散的洪积—冲积扇内,不能形成径流。所以,山口以下河流,水量不但不增加,反而逐渐减少,最后消失于灌区或荒漠中,成为径流散失区。只有在洪水季节,少数径流才会流入盆地内,汇储为湖泊。在吐鲁番盆地的沙漠腹地,存在大面积的无流区。

(2)地下水补给丰富且水量稳定,但地域分布不均,埋深和矿化度呈水平环状分带。

地下水是大气降水和地表径流渗入地下的部分,是降水的转化形态。新疆地下水补给量中,近80%为地表径流渗入地下的部分,且水量稳定;山区深层岩石裂隙水主要补给山区河段,对平原区地下水的补给意义不大;大气降水及春夏季融雪对地下水也有一定补给,但数量很少。在吐鲁番盆地疏松沉积层中,储存着丰富的地下水,且含水层深厚。

在吐鲁番盆地中,地下水的潜水埋深和矿化度呈现明显的"水平环状分带"规律。地下水埋深从盆地边缘到盆地中心由深变浅,在适宜地段地下水出露地表形成溢出带,然后重新渗入补给地下水。从盆地边缘的山前倾斜平原,到地形平坦的地下水溢出带,再到冲洪积平原的下游,直到沙漠,地下水从淡水、微咸水、半咸水过渡到咸水,矿化度逐渐增加。

(3)湖泊多为咸水湖和盐湖。

吐鲁番地区的湖泊多为河流尾闾式汇集型湖泊,如艾比湖、艾丁湖蒸发量大,矿化度高,属咸水湖和盐湖。

4)岩土类型特征

岩土类型的形成与分布主要受不同地域的地貌、地质构造、地表组成物质、气候、水文与生物活动的制约。吐鲁番盆地的地貌特征受水热条件地域差异、不同地质作用等因素的影响,使岩土类型的形成呈现一定的垂直地带性和明显的水平地带性。

(1)盆地为凹陷堆积区,岩土类型以土类为主,且呈现明显的水平地带性。

在地质构造运动下形成的吐鲁番盆地为凹陷堆积区,岩土类型以土类为主,主要为第四系松散堆积物,土类齐全。同时由于盆地不同地带的水热差异,在不同外力作用下松散堆积物的特征也有所不同,呈现明显的水平地带性。

吐鲁番盆地在干旱、半干旱、极干旱气候的影响下,广泛分布着第四系松散堆积物的各种土类,盆地边缘主要为戈壁天然沙砾,局部为以细粒土为主的绿洲、荒漠,盆地腹地则为大面积的风积沙。冲洪积扇的边缘带还分布有大面积的盐渍土,湖泊、沼泽地带有软土分布。土的粒径从盆地边缘向盆地中心逐渐变细。一般来讲,盆地边缘的山前倾斜平原主要分布着冲洪积的漂石、卵石、圆砾及砂层等巨粒土和粗粒土,局部有风积沙覆盖在冲洪积层之上;山前平原的冲洪积扇中、下部分布有冲洪积圆砾、粗中砂、含沙砾土、粉土等粗粒土和细粒土;绿洲平原区以含砾粉土、含沙粉土等细粒土为主,局部地区有盐渍土、黄土、软土;盆地腹地为大面积的风积沙。

(2)土类齐全,主要为第四系松散堆积物,特殊土发育。

吐鲁番盆地,岩土类型以土类为主,主要是第四系松散堆积物,土类齐全。同时由于所处的山地、地理位置不同,水热条件差异极大。各种地质外动力作用的冻融、流水、干燥剥蚀、风蚀、风积、湖积等,在不同地域均有不同的表现,土类也有所不同。

一般情况下,盆地内部有较厚或很厚的第四系沉积层,岩土类型以土类为主,各种冲积、洪积、冲洪积、坡积、残积的巨粒土、粗粒土、细粒土和特殊土在不同的盆地均有不同分布,泥岩、砂岩、砾岩等软质和极软质岩石也有一定分布。盆地中部以细粒土为主,有粉土质砂、粉土等。

还有分布于山麓的黄土状砂土和盆地内的盐渍土、沼泽软土、风积沙、冻土等特殊土。

(3)岩土类型特征对道路路基修筑的影响。

吐鲁番地区岩土以岩石为主,岩石中石质均匀、不易风化且未风化、无裂纹的硬质石料是公路的良好建筑材料,可用于路基、桥涵、隧道和支挡防护等工程结构,亦可作为水泥或沥青混凝土路面的集料。各种软质或极软岩石,一般用作路基的填料或用于附属工程。同时,新疆的岩石大多是以花岗岩为主的酸性石料,用作高速公路或一级公路的沥青表面层时,除应选用抗滑、耐磨的硬质石料外,当采用酸性石料时,为提高石料与沥青之间的黏结力,还可掺入适量的抗剥落剂或采用黏结力强的改性沥青。此外,新疆冬季气候寒冷,冻融作用强烈,在潮湿地区公路桥涵所用石料应符合抗冻性要求。

吐鲁番盆地广泛分布有第四系松散堆积物的各种土类。公路使用的代表性土类有天然沙砾(砾类土)、粉质土和风积沙,这些不同的土类均有其不同的技术性质及路用性能。天然沙砾是由不同粒径的沙砾料组成,属砾类土。根据其特点,在公路工程中应用普通而广泛,不仅是路基的良好填料,也是公路易发生冻胀翻浆和盐胀地段路基的主要换填材料,同时可以作为路面面层的集料,以及水泥稳定沙砾半刚性基层、底基层或垫层的主要材料。此外,天然沙砾也可作为桥涵台背填料、水泥混凝土的集料及用于各种支挡防护工程中。粉质土毛细作用强烈,毛细水上升高度大,特别是在地下水位高、地表积水的潮湿或中湿路段,应尽量避免采用。盐渍土可按含盐性质和盐渍化程度来分类,在盐渍土地区筑路,可能引起盐胀、冻胀、翻浆、溶蚀等路基病害,特别是路基填土高度不足,地下水位较高的地段,盐渍土病害更加严重。风积沙是沙漠地区由风蚀、风积作用形成的细沙。根据新疆一些地区有关风积沙的研究成果,风积沙不仅可作为路基填料、地基换填和软基处理的材料,而且可作为路基隔盐、隔水的隔断层及路面的底基层和垫层材料,强度和稳定性可满足各结构层的需要,是新疆沙漠地区一种因地制宜的筑路材料。

5)植被特征及对公路的影响

(1)植被特征。

植被的分布主要受气候、土壤、水文、地形及人类活动等因素的影响,其中气候是植物生态环境中最基本的因素,它对植物种类和群落的组成、分布都有着深刻的影响,并决定着植物群落及其组成植被类型的基本特征。

吐鲁番盆地属典型的大陆性暖温带荒漠气候。同时,受地貌的影响,气候不仅有着南北纬向地带性差异,而且有着东西经度的水平地带性差异,土壤、水文条件也有所不同。植物生存的水热和土壤状况,自盆地边缘向盆地中心变化较大,具备了多种多样的植物生存环境,有着荒漠等植被类型。在干旱的气候环境下,吐鲁番盆地植被稀疏,以荒漠植被类型为主,种类贫乏,旱生性强。

在吐鲁番盆地周围的低山丘陵地带,主要为荒漠植被类型,生存着以灌木、半灌木、小半灌木、小半乔木等超干旱生的植物群落,以及多汁盐柴类的半灌木或小半灌木植被群落,植被稀疏,沙漠的植被覆盖率仅为30% ~40%。

(2)植被类型对公路的影响。

植被是环境因素综合作用的产物,同时对周围环境也产生深刻的影响。不同的植被类型及植被覆盖率,不仅是当地气候条件中水热的综合反映,也有与之相适应的土壤类型,同时也与地貌和水文条件有关。因此，植被会对公路工程产生直接或间接的影响。对于公路来讲，从公路的规划、设计、施工、养护到运营，无不考虑植被类型的影响。新疆吐鲁番盆地的植被类型主要为荒漠植被，且有大面积裸露的沙漠、戈壁、荒漠，生态环境严酷而脆弱。导致公路所处的自然植被生态环境极其恶劣，公路水毁、沙害、雪害、泥石流、滑坡、崩塌等各种病害发生频繁，而自然植被和植物防护是防止公路各种病害最经济有效的措施。

6）吐鲁番地区高速公路路基的主要自然病害

盐渍土病害是我国盐渍土地区路基的特有病害。盐渍土路基的主要病害有溶蚀、盐胀、冻胀、翻浆等。随着含盐性质和盐渍化程度不同，盐渍土的筑路性质及路基病害类型和严重程度也不相同。盐渍土病害的影响因素主要有含盐类型、含盐量、含水率、温度等。吐鲁番地区属于内陆盐渍土区，地层和土壤富含盐分，且含盐种类和性质及盐渍化程度在各地差异不同。吐鲁番地区公路中盐渍土病害分布广、危害大，主要有盐胀、冻胀、翻浆、沉陷变形、纵向开裂等，盐类以硫酸盐和氯盐为主。在受湖泊、河流、灌溉影响，地下水位高或有长期地表积水的地段，冬季的降温过程中由硫酸盐引起的盐胀作用强烈，使路面不平、鼓胀、开裂；在春融季节的升温过程中氯盐及硫酸盐使路基湿软、沉陷、翻浆，结晶硫酸盐脱水可加重翻浆；春季升温极不稳定的条件下，使盐渍土病害进一步加剧。

风沙害是风沙地区公路的主要病害，风沙对公路的危害主要是沙埋和风蚀。风沙害的影响因素主要有地形、风力、沙源、植被等。吐鲁番沙漠地区由于降水稀少，蒸发强烈，气候干旱或过干，植被稀疏，风积沙为细沙或极细沙，且大多为流动性沙丘，年大风日数虽然较少，但中强度风较多，一般起沙风速为6m/s。风沙流引起的公路沙埋，主要分布于沙漠的流动性或半固定地带及其盆地边缘。

1.2 一般路基填筑

1.2.1 料场规划案例

1）料场选址

（1）施工单位进场后，首先对设计料场进行调查，在对沿线地形地貌全面考察的基础上进行多方案比选。本项目中某料场规划如图1-1所示。

（2）避开植被茂密区，取土场可利用荒山包。禁止占用耕地。

（3）取土位置的选择要与当地政府密切沟通，为新农村建设提供服务。

（4）料场在施工过程中要求做到随取随平整，周界规则；取土完毕后，利用保存的地表土进行植被恢复。

（5）取料时应注意环境保护，取土后的裸露面应按设计采取土地整治或防护措施。在风景区或有特殊要求的施工地段，应按设计要求及时完成配套的环保工程。

2）料场检测及开采

通过对料场挖探坑取样并进行检测，根据检测结果进行盐性分析。依据《新疆盐渍土地区公路路基路面设计与施工技术规范》(XJTJ 01—2001)对路基填料的要求,料场开采按填筑结构层用料要求分层挖取,不得将超范围盐渍土用于路基填筑。

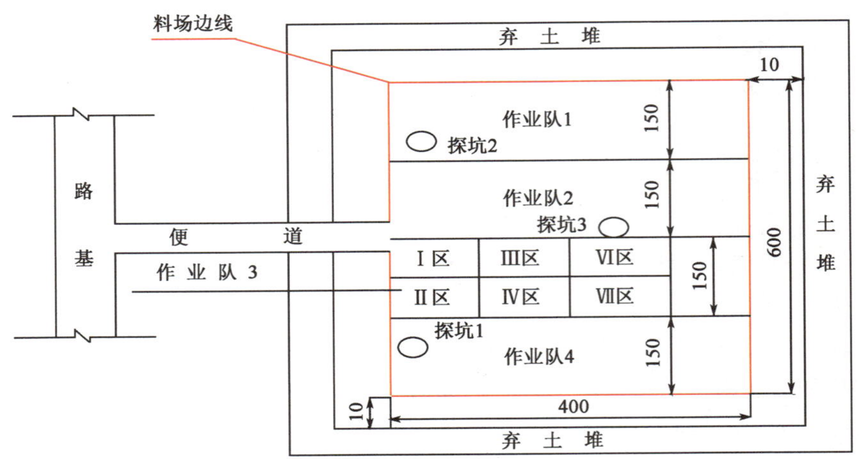

图 1-1 吐小项目某料场规划图(尺寸单位:m)

3)料场质量控制

首先根据检测结果清除表层,约 100cm 废料。然后依据设计及规范要求,按路堤填料每 1 000m^3 为一批次,路床填料每 500m^3 为一批次,进行取样检测,对于特殊填料加大取样频率。防止超范围盐渍土用于路基填筑,造成路基病害。

4)料场取料过程控制

根据料场取料数量来划分作业队开挖区域,分界使用标识物做出标识,严禁随意挖取,做到秩序分明。

5)超粒径控制

料场采用筛网对填料进行过筛,从源头控制填料的超粒径现象。当筛网放置在运输车辆上时,要保证筛网对料斗的全覆盖,筛子的筛孔尺寸为 10cm×8cm(图 1-2、图 1-3)。

图 1-2 取料过筛

图 1-3 运料过筛

6)料场闷料工艺

吐鲁番地区路基施工存在水分散失过快,难以保证路基填料最佳含水率,取水成本过大,现场停机待料现象频繁等问题,给路基工程施工带来诸多困难。本项目提出了闷料法路基施工工艺,并收到了明显效果。

首先,闷料场采用“田”字格闷料方法。

其次,根据取料数量计算“田”字格的尺寸和闷料深度,闷料沟长度一般控制在6~10m,宽度与一辆挖掘机斗同宽,一般为1~1.5m,深度一般为0.5~0.8m。闷料沟间距要均匀,一般控制在1~1.5m,间距过大或过小,则会导致闷料沟之间的填料含水率偏低或偏高。挖闷料沟时应按既定尺寸进行开挖,开挖时要注意基底尽量水平,填料各层位均匀,水能在填料内均匀下渗。

然后,路基填筑碾压需要在最佳含水率±1%范围内,才能达到最佳的压实效果,而路基填料的天然含水率往往不在这一范围内。如果含水率偏大,可采取翻松晾晒至最佳含水率的做法;如果含水率偏小,为了使填料达到最佳含水率,通常的做法是将填料在现场摊平后,用水车洒水使之达到最佳含水率;闷料后,填料含水率均匀,且易达到最佳含水率±1%范围的要求,路基填筑质量易得到保证。根据填料的天然含水率、最佳含水率、闷料沟尺寸(长、宽、深)、闷料沟间距、每条闷料沟闷料数量,计算确定每条闷料沟放水量。按照确定的放水量向闷料沟放水,让水在重力作用下渗入填料中,并达到在填料中均匀分布的效果。根据计算所得的放水量,可以开始给闷料沟放水,控制放水量的简易方法是根据闷料沟的深度控制放水深度,闷料沟在开挖时应尽量做到长、宽大致一致。为避免闷料沟中水分损失,可以将放好水后的闷料沟及时挖土覆盖,即将新开挖出的闷料沟土盖掉已放好水后的闷料沟。

最后,通过试验确定闷料时间,一般闷料2~3d即可,对透水性较好的填料,闷料24h即可取料填筑。当填料在取样深度范围内达到最佳含水率时,闷料结束并开始挖料进行路基填筑。为了闷料管理方便,需对各个闷料区进行编号。闷料施工现场如图1-4所示。

a)

b)

图1-4 闷料现场

1.2.2 临时便道施工案例

(1)施工便道路基宽度为8m,路面宽度为8m,宽度应随地形复杂程度适当加宽。视地形条件和视距要求,应不小于400m设置1处避车道。避车道路基宽度为10m,路面宽度为10m,长度应不小于40m;设计行车速应不大于40km/h。

(2)便道土质路基地段基层为不小于20cm厚的片(碎)石垫层,其面层为5cm的泥结碎石面层。挖方石质地段路基表面可用泥结碎石找平。

(3)各场站区、重点施工工程等大型作业区,对进出场的便道200m范围应进行硬化,标准为C20混凝土,厚度应不小于20cm,并设置碎石或灰土垫层,基层应碾压密实。

(4)施工便道每50m设置夜间反光安全桩(图1-5),每100m设置百米里程碑(图1-6)。

图1-5　便道两侧夜间反光桩

图1-6　施工便道旁设置百米里程碑

(5)便道路面应保持直顺、干净、美观、路况完好、无坑洼、无落石、无淤泥、不积水。

1.2.3　场地清理案例

(1)路基用地范围内的树木、灌木丛等应在清表前砍伐或移植,砍伐的树木应堆放在路基用地之外,并妥善处理。

(2)经过国家级自然保护区的路段,清理场地前必须主动与保护区有关管理部门联系,辨别、确认受国家保护的珍稀植物资源,并根据国家有关规定配合保护区管理部门移植或进行其他处理。

(3)路基用地范围内的垃圾、有机物残渣及原地面以下至少100~300mm内的草皮、农作物的根系和表土应予以清除(图1-7),并应达到规范要求。清理的表土应有序集中地堆放在弃土场内,以供土地复耕和绿化使用。场地清理完成后,应全面进行填前碾压(图1-8),其压实度应不小于90%。

图1-7　地基清表

图1-8　路基清表后填前碾压

(4)路基用地范围及取土场范围内的树根应全部挖除,并将路基范围内的坑穴在清除沉积物后填平夯实。

(5)路基跨越河、塘、湖地段时,施工单位应采取措施修筑围堰,排除积水,清除淤泥等不适宜材料,并按设计要求的施工工艺进行填前处理。

(6)根据设计施工图纸,计算出路基中心线直线段每20m、曲线段每10m的横断面中桩坐标。根据路基设计填土高度、路基横断面设计图,计算出直线段每20m、曲线段每10m横断面清表宽度(清表宽度两边应进行加宽,每边加宽30cm)。对直线段每20m、曲线段每10m横断面清表宽度控制点进行测量放样并撒白灰线标注。

1.2.4　一般路基施工案例

下面以吐小项目K3 363 +620 ~ K3 363 +900段为例,介绍一般路基施工方法。本段施工长度为280m,路基边坡为1:4,横坡为1.5%,为路基填方段。设计取土场在K3 368 +500右侧1km处,平均运距6km。弃土坑位于K3 365 +500右侧500m坑内。主要施工标准见表1-1,一般路基施工工序如图1-9所示。

路基压实度及填料要求　　表1-1

填挖类别	路床顶面以下深度(cm)	路基压实度(%)			路基填料最小强度(CBR%)			最大粒径要求(mm)
		高速公路	二级公路	三级公路	高速公路	二级公路	三级公路	
零填及挖方	0 ~ 30	≥97	≥95	≥95	8	6	5	100
	30 ~ 80	≥97	≥95	—	5	4	3	100
填方	0 ~ 30	≥97	≥95	≥95	8	6	5	100
	30 ~ 80	≥97	≥95	≥95	5	4	3	100
	80 ~ 150	≥95	≥94	≥93	4	3	3	150
	>150	≥93	≥93	≥93	3	2	2	150
原地表		>90						

(1)本段设计为非盐渍土地段,平均清表厚度为30cm,设计平均填土高度为2.3m,实际平均清表宽度为52 m。用装载机横向,由低向高清表,并将清表土码放在征地界内。

(2)路堤填筑时,必须根据设计断面水平分层填筑和压实。路基填筑过程中采用白灰打网格(图1-10),网格大小根据拉运车辆的具体方量确定,一般车辆以宽7m、长9m的方格为宜,路基上每间隔20m在横断面上根据每层的松铺厚度设置红白30cm间隔的填筑控制杆(图1-11),作为控制填方材料松铺厚度的标准,利用杆及边线控制填料厚度及宽度,并做好各层填筑区域标识牌设置(图1-12),标识牌上应标注清楚所填层数及压实区段。

(3)性质不同的填料应分段填筑,同一水平层路基的全宽应采用同一种填料,不得混填。每种填料的填筑层压实后的连续厚度应不小于50cm。

(4)路基填筑时,先从最低处(及找平层)填起,到路基左右侧高程基本相同时,再进行全幅(全断面)分层填筑,逐层压实;当原地面纵坡大于12%或横坡陡于1:5时,应按设计要求挖台阶,或设置坡度向内并大于4%、宽度大于2m的台阶。

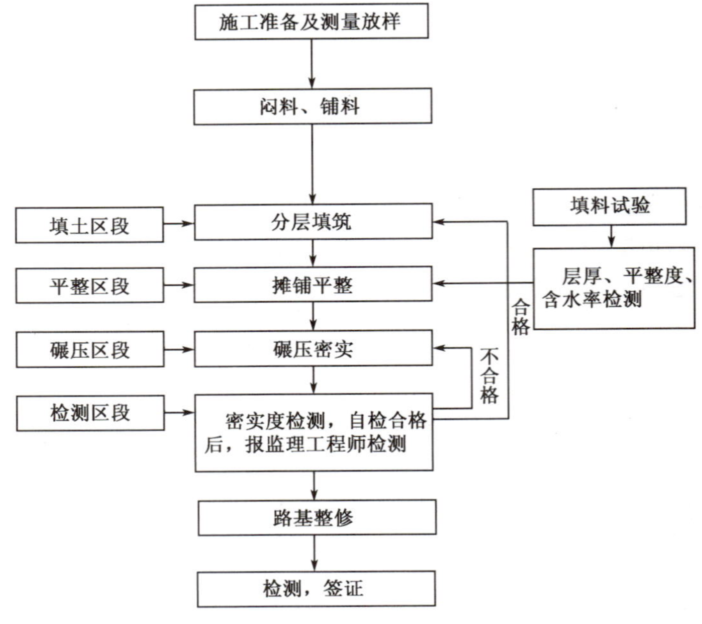

图 1-9　一般路基施工工序

图 1-10　白灰网格

图 1-11　插杆控制松铺厚度

图 1-12　分层分区段标识牌

(5)填方分几个作业段施工时,接头部位如不能交替填筑,则先填路段应按1∶1坡度分层填筑,每层碾压至边缘,逐层收坡,待后填段填筑到位时,再将交界面逐层挖成不小于3m的台阶,分层填筑碾压;如能交替填筑,则应分层相互交替搭接,搭接长度不得小于3m。

(6)运输车按要求卸料后(图1-13),先用推土机粗平(图1-14),根据标杆上的挂线控制松铺厚度(图1-15),用推土机或装载机按标杆控制的填筑高程大致推平,局部不平处采用人工配合机械找平。对含水率进行检查,不合格时要洒水或翻拌晾晒,合格后用平地机精平(图1-16)。检查松铺厚度、平整度,符合要求后方可碾压。

图1-13 自卸汽车卸料

图1-14 铺料

图1-15 挂线控制松铺厚度

图1-16 找平

(7)洒水或晾晒。按照试验室给定的最佳含水率±1%的范围进行填料含水率控制,若含水率超过±1%时,应及时晾晒翻拌或现场补水(图1-17)。

(8)机械碾压。先稳压,后振动碾压,碾压时压路机遵循从路边向路中、从低侧向高侧的原则;压路机的碾压行驶速度不得超过4km/h,错轮宽度对振动压路机不得小于压实轮的1/3,对三轮压路机不得小于后轮的1/2(图1-18)。

①碾压工序。

初压:振动压路机在推土机、平地机第一次找平后进行静压,以暴露潜在的不平处,若有不平,用平地机进行二次找平。

复压:二次找平后,振动压路机进行振动碾压,碾压遍数根据试验段结果确定(往返一次为1遍),达到规定的碾压遍数后进行压实度检测。

图 1-17　补水

图 1-18　碾压

终压：通过试验检测，当路基压实度达到设计和规范要求后，压路机进行静压光面，直至表面无明显轮迹。

图 1-19　找平修整完成的路基边坡

②各区最佳碾压方法如下：

压实度 93% 区域，先静压 1 遍，弱振 1 遍，强振碾压 2 遍，收光 1 遍；压实度 95% 区域，先静压 1 遍，弱振 1 遍，强振碾压 3 遍，收光 1 遍；压实度 97% 区域，先静压 1 遍，弱振 1 遍，强振碾压 4 遍，收光 1 遍。

(9)路基整修。路基填筑至最后一层后，根据验收规范，严格控制其高程；人工配合平地机、洒水车、压路机等进行整平整修作业，作业时需进行测量控制，作业面成型后必须达到验收规范及技术要求(图 1-19)。

按照以上工序填筑的路基，经检测压实度全部合格，检测结果见表 1-2。

该路段 97 区压实度　　表 1-2

<table>
<tr><th>序　　号</th><th>标准密度(g/cm³)</th><th>试样干密度(g/cm³)</th><th>压实度(%)</th></tr>
<tr><td>1</td><td rowspan="9">2.394</td><td>2.36</td><td>98.6</td></tr>
<tr><td>2</td><td>2.36</td><td>98.6</td></tr>
<tr><td>3</td><td>2.38</td><td>99.4</td></tr>
<tr><td>4</td><td>2.37</td><td>99.0</td></tr>
<tr><td>5</td><td>2.37</td><td>99.0</td></tr>
<tr><td>6</td><td>2.37</td><td>99.0</td></tr>
<tr><td>7</td><td>2.35</td><td>98.2</td></tr>
<tr><td>8</td><td>2.38</td><td>99.4</td></tr>
<tr><td>9</td><td>2.38</td><td>99.4</td></tr>
</table>

1.3 新旧路基衔接处理案例

在新旧路基衔接处，为保证路基的整体稳定，预防或减少不均匀沉降产生的纵向裂缝，对老路路基坡面开挖台阶，台阶宽度不小于1m，并设置向内倾斜3%横坡。当路基填高大于1m时，新老路基下衔接处应设置土工格栅。

本项目K3 451+100~K3 466+756.65段为利用老路段，在新老路基拼接处采用了开挖台阶、设置双向土工格栅、加强新路基地基处理等措施减少不均匀沉降和变形。施工前，将原路基边坡表面浮土、植被、树根及其他建筑垃圾清理干净，沿原边坡浮土清理应彻底，尤其要将树根挖除清理完毕。

新老路基拼接处采用挖台阶搭接（图1-20），台阶应向内倾斜3%，台阶宽度为1.5m，高度为0.5m，局部填土较高路段，台阶高度应适当加高，以减少开挖台阶数量，保证质量。台阶开挖后，应及时填筑新拼宽路基，分层填筑压实新老路基拼接处的压实度应较一般路基段提高1%。为了确保拓宽路基范围有效压实，避免出现路基边缘部分的压实度达不到规定要求的情况。施工时在路基断面两侧各加宽50cm碾压宽度，并对新老路基拼接处拓宽宽度小于3m路段进行超宽碾压，压实完成后再进行刷坡处理。

新旧路基拼接处土工格栅布置原则为：路床以下30cm设置一层双向土工格栅，以增加新旧路基横纵牵引力，减小路基不均匀沉降，提高路基的整体性（图1-21）。

图1-20 新老路基拼接处采用挖台阶搭接

图1-21 设置双向土工格栅

（1）铺设的表面必须整平，以符合土工格栅铺设所需的平整度要求；然后用压路机进行碾压，经检测符合压实度要求后，进行土工格栅的铺设施工作业。

（2）铺设土工格栅时必须拉直平顺紧贴下承层，不能出现扭曲、折皱、重叠，用人工拉紧，避免过量拉伸。

（3）采用U形锚固钢筋将其固定在下压实层，锚固钢筋的长度和间距必须符合设计要求。

（4）铺设土工格栅时，必须将强度高的方向垂直于路堤的轴线方向布置；两幅土工格栅之间的联结必须牢固，其叠合长度不小于30cm。

（5）土工格栅铺好后应及时填筑上层填料，填土时不能移动土工格栅，在土工格栅上填筑上层填料时必须采用倒卸法,禁止运料车及其他施工机械在土工格栅上直接碾压。

(6)施工中应随时检查土工格栅的质量,发现有折损、刺破、撕裂等损坏时,必须更换。

1.4 盐渍土段路基施工案例

本项目 K3 409 +000 ~ K3 409 +040 段为盐渍土路段,长度为 40m,路面表层为弱硫酸盐,1m 以下为中强过硫酸盐(图 1-22)。对弱硫酸盐路床范围内的盐渍土进行了换填处理,针对中强过硫酸盐路段采取挖除路床范围内盐渍土,路床底部则设置了复合土工布作为隔断层以阻止盐分上升。本段换填 $260m^3$,铺设土工布 1 $298m^2$。

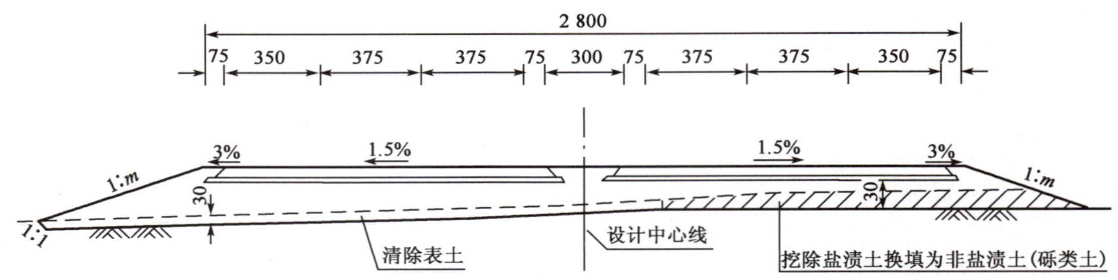

图 1-22　盐渍土路基施工设计图(尺寸单位:cm)

1.4.1 土工布铺设方案

1)土工布的铺设方法(图 1-23)

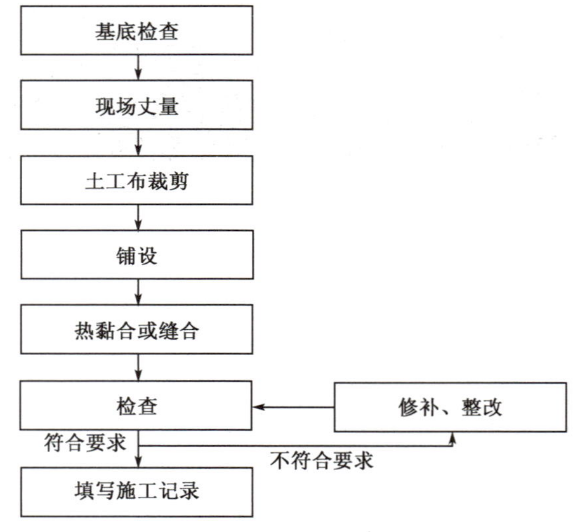

图 1-23　土工布铺设流程示意图

(1)土工布铺设应连续施工,铺设时,将土工布卷运至铺设现场采用人工滚铺;布面要平整,并适当留有变形余量(图1-24)。

(2)复合土工布的安装通常用搭接、缝合和焊接几种方法。缝合和焊接的宽度一般为0.1m以上,搭接宽度一般为0.2m以上。可能长期外露的土工布则应焊接或缝合,本段采用缝合。

(3)相邻土工布之间的搭接面要做到压实紧密,相邻土工布之间横向搭接为30cm,纵向搭接为50cm(图1-25)。

图1-24 土工布铺设

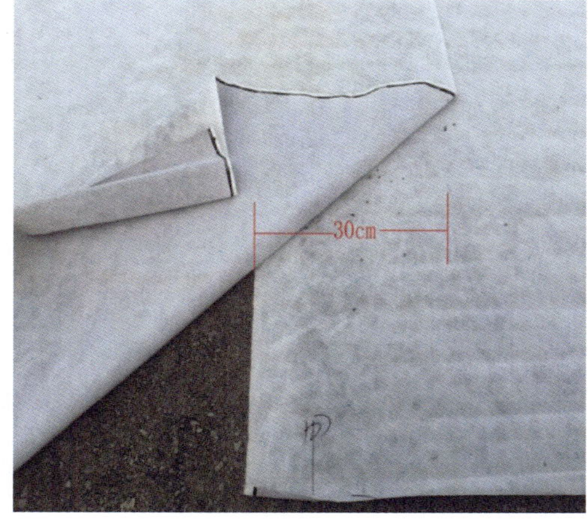

图1-25 土工布搭接(横向30cm、纵向50cm)

(4)土工布铺设时要保证铺设牢固,紧贴坡面,并略有松弛,要求布面平顺、垂直,严禁出现斜卷、褶皱,土工布铺设完毕后,应及时回填覆盖。

(5)铺设土工布卷时,应适时的对土工布的位置进行纠偏,保证土工布的铺设平整,每隔3m纠偏土工布的位置1次。

2)土工布铺设的基本要求

(1)接缝须与坡面线相交,在可能存在应力的地方,水平接缝的距离须大于1.5m。

(2)在坡面上,对土工布的一端进行锚固,然后将卷材沿坡面放下以保证土工布保持拉紧的状态。

(3)所有的土工布都须用沙袋压住,沙袋将在铺设期间使用并保留到铺设上面一层材料。

1.4.2 土工布铺设工艺要求

(1)检查基层是否平整,如有异物,应及时清除干净以保证土工布不被异物损坏。

(2)根据现场情况,确定土工布尺寸,裁剪尺寸应根据单张土工布尺寸计算出路床宽度,裁剪后予以试铺。

(3)检查撒拉宽度是否合适,搭接处应平整,松紧适度。

(4)用热风枪将两幅土工布的搭接部位黏结,黏结点的间距应适宜。

(5)搭接部位进行缝合时,缝合线应平直,针脚应均匀。

(6)缝合后应检查土工布是否铺设平整,是否存在缺陷。

1.4.3 盐渍土换填施工注意事项

1)路基填料控制

对于盐渍土路基填筑用的沙砾和砾类土料场,应提前进行勘探和室内试验。根据料场面积大小布置勘探点,勘探点间距离在150m左右,且每个料场不少于5点。勘探深度一般超过取料深度0.5m左右,填料取样自地表往下,按0~0.05m、0.05~0.25m、0.25~0.50m、0.50~0.75m、0.75~1.00m逐层连续取样,按深度百分比计算平均含盐量。若取样深度大于1m,1m以下应每隔0.5m分层取样做试验。勘探点的取样试验一般包括易溶盐总盐含量、各离子含量的测定,以此进行填料易溶盐的定性和定量分析。根据试验结果绘制填料易溶盐含量分布图,一般地,易溶盐含量自原地面向下逐渐减少,异常点表示该处是盐渍土夹层。

2)试验检测控制

对于填料易溶盐的检测频率,路堤范围填料按1 000m^3一批次检测1次,分3个断面取样,计算平均易溶盐含量;路床范围填料按500m^3一批次检测1次,分3个断面取样,计算平均易溶盐含量,对有怀疑的料应加大取样频率。检测方法按《公路土工试验规程》(JTG E40—2007),对易溶盐总盐含量、CO_3^{2-}、HCO_3^-、Cl^-、SO_4^{2-}、Ca^{2+}、Mg^{2+}等离子含量进行定量检测,依据检测结果给土样定名,并确定该土样所适用的路基填筑部位(下路堤、上路堤、下路床、上路床)。

3)基底清理碾压

回填前将基坑底或原地面浮土、杂物和积水清除干净,碾压至设计压实度,并按要求对结构物墙身与回填接触面涂刷防腐沥青。

4)分层回填压实

选用透水性好的非盐渍土材料进行回填,回填必须对称、分层夯实,两侧台后回填高差应不大于50cm,夯实机械采用振动压路机、小型冲击夯配合人工压实,压路机碾压时离涵洞墙身距离应不小于50cm,对该50cm范围和个别角隅采用小型冲击夯配合人工夯实。

5)其他工序

其他工序参照普通路基施工工序。

按照以上工序填筑的路基,经检测压实度全部合格,检测结果见表1-3。

该路段97区压实度 表1-3

序　　号	标准密度(g/cm^3)	试样干密度(g/cm^3)	压实度(%)
1	2.405	2.394	99.5
2		2.372	99.4
3		2.376	98.8
4		2.392	99.5

1.5 冲击碾压施工案例

在本项目MRY1K3 362+046~MRY1K3 362+260段,路基填高大于4.0m,且满足冲击碾压要求,故采用了此项工艺。

1）施工准备情况

（1）主要施工机械配备如表1-4所示。

冲击碾压施工机械配备　　表1-4

机械设备名称	规格型号	单位	数量	进场机械状况
装载机	ZL50C/161kW	台	3	良好
自卸汽车	$20m^3$	辆	9	良好
洒水汽车	$20m^3$	辆	2	良好
压路机	徐工20t	台	2	良好
平地机	PY-180/132kW	台	1	良好
挖掘机	EX300-3	台	3	良好
冲击压路机	25kJ	台	1	良好

（2）冲击式压路机技术指标。

冲击式压路机：型号为YCT25，牵引功率≥220kW，冲击势能为25kJ，冲击压实力为320～500t，牵引速度为10～15km/h。

牵引机：型号为QCY360，牵引速度为15.2km/h，发动机功率为266kW，最大牵引力为126kN。

2）实施方案

（1）施工前准备。

冲击碾压前进行场地平整、表面松散碾压，修筑机械设备进出口通道。测量放线，定出控制轴线、冲击碾压场地边线。

（2）压段点布置。

根据路基填土冲击碾压工作段的长度不同，按以下要求布设沉降和压实度检测断面。冲击碾压工作段长度100m，并按20m一个设置5个检测断面。沉降检测每个断面布置3个检测点，检测点标志采用$\phi18$钢筋头，埋设位置如图1-26所示。

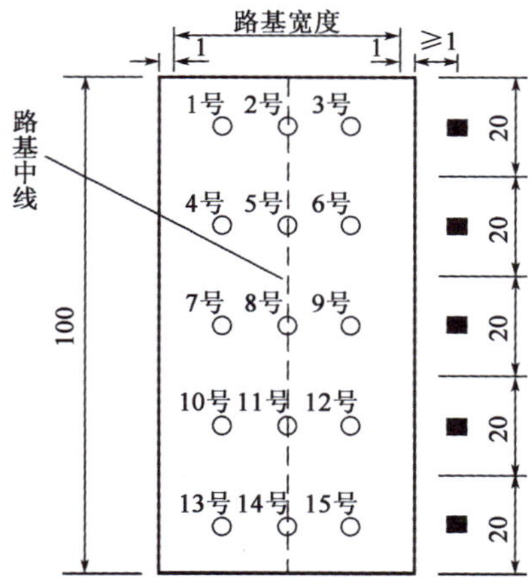

图1-26　路基冲击碾压沉降观测断面（尺寸单位：m）

注：1. 图中"○"为高程检测点，"■"为高程和距离固定桩。

2. 测量时，各点位置应准确量取，并保证压实度在图中各点周围2m内检测。

(3)施工工艺(图1-27)。

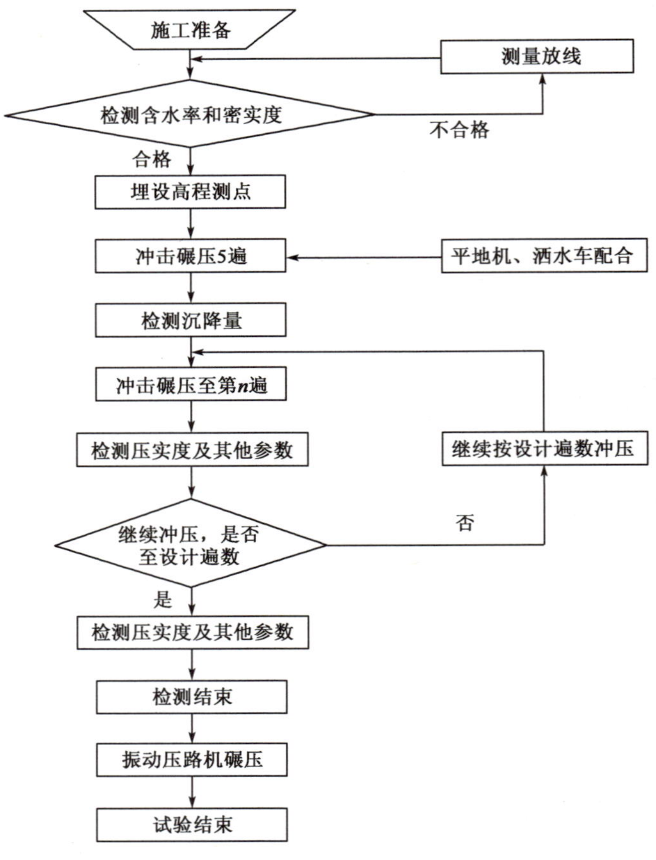

图1-27　冲击碾压施工工序

压实度检测断面与沉降检测断面相同,每断面仅检测路中线左右各1点。

在碾压过程中按照检测方法每5遍检测1次压实度及沉降,并详细记录数据。

①碾压段用平地机对冲压工作面进行清理、整平,压路机进行碾压。

②埋设观测点标志,冲击前观测沉降标志的高程,并做好记录。

③检测冲击碾压前的路基含水率,并保证含水率在最佳含水率的±4%范围内,要根据情况适时洒水。

④冲击碾压前对检测点进行压实度检测,经检测压实度不小于设计值后方可进行冲碾施工。

⑤冲击压路机进行冲击碾压,机械行进速度控制在10~15km/h之间,从路基的一侧向另一侧转圈冲碾。

⑥冲碾前测量1次埋设钢筋顶的高程,以后每冲碾5次测量1遍高程,以计算沉降量,直至冲碾15遍以上沉降量小于5cm。

⑦冲击碾压施工过程中,施工场地宽度大于冲击压路机转弯半径的4倍时,以道路中心线对称地将场地分成两半,将路面沿行进方向分成多个平行的窄道并依次编号。冲击压路机开

始时沿1号窄道冲碾，冲碾至该路段末尾后掉头，由距1号窄道半个路宽的4号窄道反方向冲碾，冲碾至该路段起点后，再次转弯掉头，对与1号窄道相邻的2号窄道进行冲碾。以此类推，采用上述循环方法，对各窄道进行冲碾施工。压实行驶路线如图1-28所示，实际施工现场如图1-29所示。冲碾顺序应符合“先两边，后中间”错轮进行，轮迹覆盖整个路基表面为冲碾1遍。

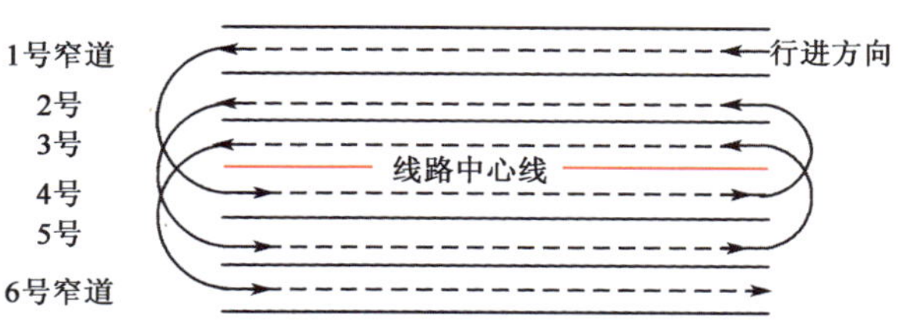

图1-28 冲击碾压路线示意图

a)

b)

图1-29 冲击碾压施工现场

3）质量控制及检验

（1）质量控制。

①严格控制地基土的含水率，避免土层冲压时形成“弹簧土”而无法压实，施工时若出现“弹簧”现象，可暂停施工，将“弹簧土”全部挖走，调运符合要求的新土，整平后方可继续施工。

②施工过程中须有专人负责记录，记录资料应归档备案。

③机械操作人员必须经过培训，持证上岗，压路机的行驶速度控制在10～15km/h，如工作面起伏较大应停止冲压工作，对工作面进行平整后再继续工作。

④冲压路基表层土的含水率应保持在最佳含水率的±4%，施工过程中根据情况适时进行洒水湿润；冲击碾压过程中，应注意冲击波峰，错峰压实，距离保持错位20～40cm；冲击4～5遍应用刮平机或推土机整平，然后改变方向继续冲压。

⑤冲击压实时应均匀碾压，相邻两段冲击碾压搭接长度应不小于30～50cm。

⑥冲压过程中应匀速冲击压实，变速时必须停机，在一个冲击压实行程中不得变速。冲压过程中应保持正确的行驶方向，并保证不产生漏压现象。上下坡时，应事先选好挡位，不得在坡顶上换挡，下坡时不得使用空挡向下滑行。

⑦冲压边角及转弯区域应采取其他措施压实，以达到设计标准。

⑧冲碾过程中如果因轮迹过深而影响压实进行时，可用平地机平整后再进行冲击碾压；若路基表面扬尘，可用洒水车适量均匀洒水继续冲碾。

⑨正确理解冲击碾压有较宽的含水率范围。由于冲击压路机具有高能量的压实功能，相当于超重型击实标准的击实功，达到重型压实度的含水率仅在小于最佳含水率范围内扩大，其大于最佳含水率的范围不会扩大。因此，含水率视土的塑性指数大小，宜控制稠度不小于1.1。否则土层冲压会形成"弹簧土"而无法压实。

⑩控制构造物的安全距离。为了避免结构物遭到损坏，必须制定相应的措施，严格控制冲击碾压的范围。冲击压路机的轮边与构造物应至少有1m的安全距离，桥涵构造物上填土厚度不应小于2.5m。

(2)质量检验(表1-5)。

冲击碾压施工的允许偏差、检验数量及检验方法　　表1-5

检验项目	质量要求	检验数量	检验方法
沉降量检查	符合施工图要求	检测点数不少于20个	水准仪测量
压实度检测	符合设计压实标准要求	不少于4点	压实度试验

1.6　桥(涵)头路基施工方案

1)测量放样

(1)按设计图纸放样出台背底宽及结构物锥坡位置。

(2)暗涵台背回填长度为涵台高的2倍加2m，回填前开挖台阶，台阶按高15cm、宽40cm设置；明涵两侧各设置长4m、厚0.8m的阶梯式水稳层，水泥稳定沙砾(加厚)作为刚柔过渡段，以防止跳车。

(3)对于肋板式桥台，台背填筑高度为路床顶部至承台顶部的距离，柱式桥台台背填筑高度为路床顶部至原地面以下50cm，台背回填长度均为其填筑高度2倍加2m，回填前开挖台阶，台阶宽1m，高度按1/3～1/2坡设置。

(4)回填施工前，根据松铺系数，把每层填筑的压实厚度、松铺厚度在结构物墙身上分左、中、右用白、红油漆画出标线，同时喷制台背回填管理卡，注明桩号、时间、层数以及负责人。

2)基底清理碾压

回填前将基坑底或原地面浮土、杂物和积水清除干净，碾压至设计压实度，并按要求对结构物墙身与回填接触面涂刷防腐沥青。

3)分层回填压实

选用透水性好的非盐渍土材料进行回填，回填必须对称、分层夯实，两侧台后回填高差应不大于50cm，夯实机械采用振动压路机、小型冲击夯配合人工压实，压路机碾压时离涵洞墙身距离应不小于50cm，对该50cm范围和个别角隅采用小型冲击夯配合人工夯实。实际施工现场如图1-30所示。

图1-30 台背回填

1.7 本章小结

(1)加强原材料检验和验收,保证检测项目和频次的标准符合要求,杜绝不合格材料进入工地,特别是加强填前及路床范围内的易溶盐检测,制定预防措施和纠正措施。

(2)路基填筑过程中打白灰格、标杆能直观显示出填筑厚度、宽度,给施工作业人员起到警示作用,以免超填、欠填。分层、分区域标识牌能区分出压实区域,以保证压实过程中能及时调整压实工艺及遍数。

(3)由于采取料场闷料工艺,闷料层中的易溶盐随水流向两方面集中。一方面是随水分蒸发向表面集中,出现盐析现象(表面泛白);另一方面是随水渗透到下层料,导致下层料易溶盐含量增加。闷料过程注意以下两点:①闷料范围不宜过大,通过计算用料数量确定闷料面积;②闷料时间不宜过长,防止易溶盐随水流窜,难以控制填料易溶盐含量。在料场闷料,现场补水,确保含水率合格,这样即使在高温及大风天气情况下,也不会因扬尘而影响既有高速公路G30的交通。

(4)加强试验检测工作,按规定项目和频次进行路基填料含盐量和路基压实度的试验检测,确保检测数据真实准确。

(5)路基上料之前先撒方格网,按照"一格一车"上料,保证压实度及厚度。

(6)新老路基搭接,按照设计图纸进行施工;开挖台阶,按设计铺设土工布、土工格栅。

(7)盐渍土路段施工,要保证换填深度,按设计铺设土工布。

(8)填土高度大于4m,要对填料进行冲击碾压,保证路基压实效果。

(9)路基压实度经第三方及质监局抽检,共检测18 387个点,合格率为100%。

第 2 章　预制场建设

2.1　概　　况

梁板预制场是路基桥涵施工的重要组成部分，预制梁板的完成往往是工期关键线路的节点之一。为提高后期施工效率，节约成本，保证工期，预制场前期的整体施工规划对项目至关重要。本章结合项目工程具体情况，对大型梁板预制场的整体施工规划进行了总结介绍。

连霍国家高速公路 G30 吐鲁番至小草湖段公路建设项目全线设置大桥 2 座、中桥 19 座、小桥 115 座、分离式立交 8 处(2 处为公铁立交)、通道 10 个、涵洞 172 个、互通式立交 4 处、U 形转弯 2 处、服务区 1 处、养生工区 1 处、匝道收费站 4 处、避风港 3 处、管线交叉 19 处。

本项目具有路线长，桥梁、涵洞数量众多，分布较广等特点，结合项目所在地气候、气象、水文、地质等条件，充分考虑工程总体施工工期以及梁板架设安装运输方便快捷等因素，设置了 4 处预制场，由各标段施工方根据各方实际生产需求进行预制场的建设，优化资源配置，合理安排施工，以总体施工进度计划为控制目标，确保工程项目的质量、进度、安全、环保等各方面要求。本章以吐小项目第 2 标段为例，进行预制场建设说明。

预制场地建设方案涉及场址选择与规划、场地建设、预制场的标准化施工以及预制场环境保护措施等内容。

2.2　预制场选址与规划

2.2.1　选址原则

(1)预制场结合全线结构物分布、预制梁板尺寸、跨径、数量、运输经济性等因素合理选址，一般设置在桥群集中地段。

(2)场址选择在水、电、路便利处，且应尽量选择在地势平坦、排水便利处。

(3)预制场选址应考虑混凝土的运输，使拌和站与预制场的距离适当，混凝土运输方便快捷，并能保证预制场混凝土连续施工。

(4)预制场位置尽量与既有公路或施工便道相连，以利于大型设备和材料进场，道路上有延后控制设施时，应认真分析计算其是否满足大型施工车辆及大型制、提、运梁设备的运输车辆通行。

(5)预制场选址应考虑防洪、防风沙的要求，以确保施工安全。

(6)除非在用地困难的情况下，否则预制场尽量避免设置在主线上。

吐小项目第 2 标段位于新疆维吾尔自治区吐鲁番火焰山山前冲积扇区，区域内地势北高南低中间凹，火焰山自西向东横贯盆地中部，山前是戈壁，中间是低洼平原，南部山丘、戈壁、荒漠三种地貌类型兼有。路线起点为 K3 387 +300，终点为 K3 415 +000，主线长度为 27.7km，根据以上选址原则，将吐小项目第 2 标段预制场选定在 K3 407 +000 处，如图 2-1 所示。

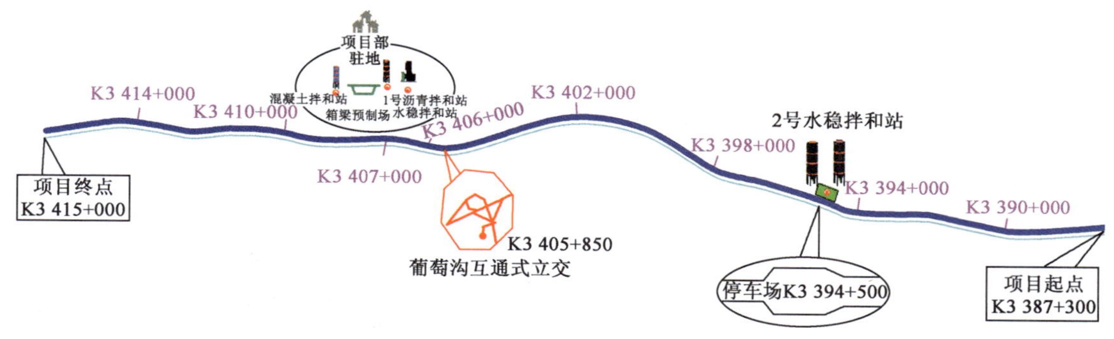

图 2-1　吐小项目第 2 标段预制场选址

2.2.2　预制场布置原则

预制场布置应结合桥梁施工进度，预制梁施工组织流程及施工场地自然条件来进行，以“制梁速度快、质量高和建成费用低”为目的。因此，确定预制梁场布置原则时，主要考虑以下几个方面：

1）建设投资费用

预制梁场的建设费用受场地占地大小影响较大，预制梁区作为预制场的主要组成部分，其面积的大小将直接影响预制梁场的占地大小及征地的费用。因此，在满足桥梁施工进度的情况下，如何确定最优的预制梁台规模，使预制梁区面积最小是一个必须要考虑的内容。

2）满足施工进度

预制梁场作为桥梁工程的一个分项工程，主要任务就是为桥梁提供预制梁，必须按照桥梁工程特点、工期要求、场地条件及起重运输条件，合理安排预制梁场的生产计划，确定梁场生产能力，合理布置预制梁场以满足桥梁施工的进度。

3）整体性因素

根据预制梁生产要求，综合考虑各个工序之间的生产顺序，并兼顾箱梁的静载试验、提运架设备安装和拆运，同时要使交通便利，供水、供电、供气、防火和防洪尽量合理。应合理安排各个施工区布置，尽量避免倒流作业，做到生产工艺流程合理，并注意环保。

4）场内运输距离

场内施工所用的各种物料包括钢筋、钢绞线及混凝土等，在场地运输应以运输距离铁路最小为目标，杜绝二次搬运，保持物料运输畅通。

5）空间因素

预制场地内部布置时应有效利用场地，充分利用场区地形条件，因地制宜，布置力求紧凑，尽量缩短工艺之间的流水线路。工棚及施工人员的住房应尽量靠四周布置，既少占施工面积又可以充当围墙，既减少使用面积，又节约建设费用。

6）流动性因素

各个区域之间布置应按照生产工艺流程来进行，确保生产过程中预制件材料流动的畅通及生产流程连续化。道路上不允许堆放任何物品，以保证道路畅通。道路设置宜采用环形单向道，场区宜设置两个出入口，如只需设置一个出口，则道路设置时，应满足预制梁及物料运输时的车辆通行宽度。

7）安全因素

梁场布置时应考虑生产安全，水路、电路应该沿场地四周布置，避免影响施工，造成事故。

2.2.3 场站规划

（1）场站建设前，应根据场地情况，进行纸上规划，制出施工平面布置图。

（2）场址选定后，首先应根据现场实际情况做好场地排水、平整压实及硬化工作，合理规划给水排水、电力通信线路敷设。

（3）预制场设置办公区、生活区、材料堆放区、钢筋加工区、预制区、存梁区等。各个区域布置应合理、实用，场地的占地面积应满足施工生产需要。

（4）为适应预制场工厂化流水线作业，根据预制场工程量情况，针对不同型号的预制梁板设置生产线，各生产线间应设置行车道路以方便罐车、运梁车行驶。例如，吐小项目第2标段预制场根据梁板型号设置了三道生产线。第一生产线：箱梁预制区、存放区；第二生产线：16m空心板预制区、存放区；第三生产线：8m空心板和涵洞盖板预制区、存放区，三条生产线间设两条宽8m的水泥路。预制场共有涵洞盖板1 515片、8m空心板1 262片、16m空心板380片、20m箱梁180片、30m箱梁60片，根据工程量情况及梁板型号，梁场规划面积占地15 000m²，长150m，宽100m，其中生活区1 500m²、钢筋加工区760m²、预制区8 240m²、成品梁存放区4 000m²、原料存放区500m²（图2-2、图2-3）。

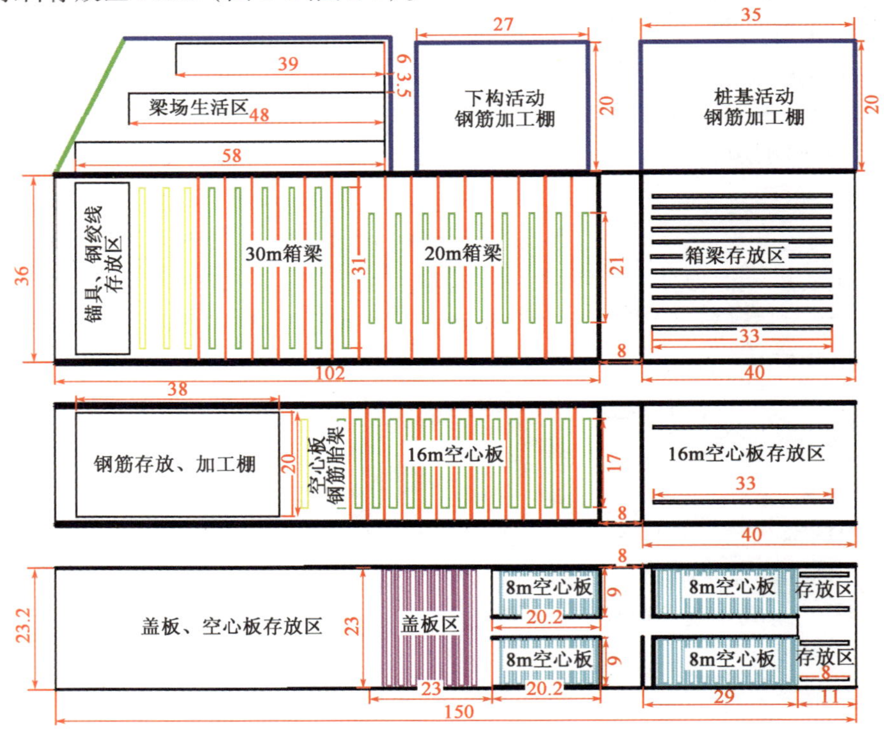

图2-2 吐小项目第2标段预制场选址（尺寸单位：m）

图 2-3　中交一公局吐小项目第 2 标预制现场规划效果图

2.3　预制场区建设

预制场区在建设的过程中，主要控制以下几个区域：场地硬化区、场区通道、预制区、存梁区、钢筋加工区、原材料存放区，其中预制区主要包括制梁台座、给水排水系统和用电系统。

2.3.1　场地硬化

对预制场场地进行平整，调整高程、纵横坡，并对场地进行碾压密实，以防止产生不均匀沉降变形而影响梁板预制的质量。然后采用 10 ~ 15cm 厚的 C20 混凝土对场地进行硬化。场地用切割机切割分块，以避免混凝土胀裂。在场地硬化时，应设置排水坡度。

2.3.2　场区通道设计

预制场内的道路可分为供运梁车、罐车行驶的场区主道路以及供操作工人行走的场区便道。根据预制场的台座布置情况来考虑主道路的走向与宽度，场区主道路应靠近于台座，宽度为 8m，道路中间画黄白行驶标线(图 2-4)，分左右车道行驶。设置防撞栏杆，每个防撞栏杆间隔 2m，栏杆高 0.5m，刷黑黄相间的油漆(图 2-5)，在光线较暗时起到提醒作用。

2.3.3　制梁台座的设计

地基基础的质量对整个工程的质量影响较大，不少工程事故源于地基基础的问题，所以，目前工程对地基基础的设计与施工比较重视。对于预制梁来说，台座的设计可以按浅基础进行设计，其质量会影响预制梁的质量、进度和成本。因此，台座与地基的设计、施工是预制梁工程首要解决的问题，其处理的好坏直接影响整个工程的质量。预制梁的台座可作为浅基础进行设计，设计内容包括地基设计和基础设计两部分。预制梁台座的设计应首先考虑地基的特性，对其土质特性进行分析，保证上部荷载小于地基承载特征值，且地基的沉降变形必须满足规范要求，即保证地基具有足够的强度、稳定性、刚度，否则要对地基进行处理，根据不同地区的土质，选择合理经济的地基处理方案，使之满足设计规范要求。

图 2-4　场站通道

图 2-5　防撞桩

制梁台座的设计需要结合施工设计图纸，根据梁板底宽的设计进行台座宽度设计，台座的宽比梁底宽小 5mm，中间设反拱。

1）箱梁台座的设计

（1）台座细部构造。

吐小项目第 2 标段工程共计使用 20m 箱梁 180 片，30m 箱梁 60 片。以 30m 箱梁台座设置为例，结合施工现场情况，特设定 30m 制梁台座共 6 个，台座长度 31m，宽度 91.5cm，台座高度 35cm，台座两端头基础采用 C25 混凝土扩大基础，长 × 宽 × 高 = 2m × 2m × 0.45m；为方便吊装，在距台座端头 1.6m 处设置 0.25m 宽的断口；台座底层每隔 60cm 预埋 50cm 长 $\phi12$ 钢筋，台座顶面四周焊 5 ×3.7cm 槽钢，并按预拱度调整高程；台座面层 −8cm 处预埋 $\phi75$mm 的 PVC 管，间距为 100cm，端头为 50cm，台座顶面焊接 6mm 厚 Q345 钢板作底膜，并与槽钢焊接形成制梁台座（图 2-6）。

（2）台座空间布设。

为满足箱梁现场施工空间的要求，每道底座之间设置间距为 5m，以便于模板安装及拆除的操作（图 2-7）。

2）空心板台座的设计

（1）台座细部构造。

吐小项目第 2 标段工程共计使用 16m 空心板梁 380 片，结合施工现场情况，特设定 16m 制梁台座共 15 个，台座长度 17m，宽度 123.5cm，台座高度 35cm，台座两端头基础采用 C25 混凝土扩大基础，长 × 宽 × 高 = 2m × 2m × 0.45m；为方便吊装，在距台座端头 1.6m 处设置 0.25m宽的断口；台座底层每隔 60cm 预埋 25cm 长 $\phi12$ 钢筋，台座顶面四周焊接 5 ×3.7cm 槽钢，并按预拱度调整高程；台座面层 −6cm 处预埋 $\phi75$mm 的 PVC 管，间距为 100cm，端头为 50cm，台座顶面焊接 6mm 厚 Q345 钢板作底膜，并与槽钢焊接形成制梁台座（图 2-8）。

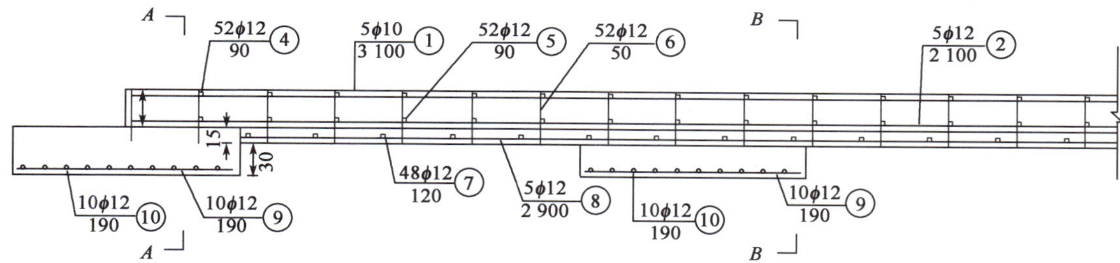

a)30m箱梁台座立面图

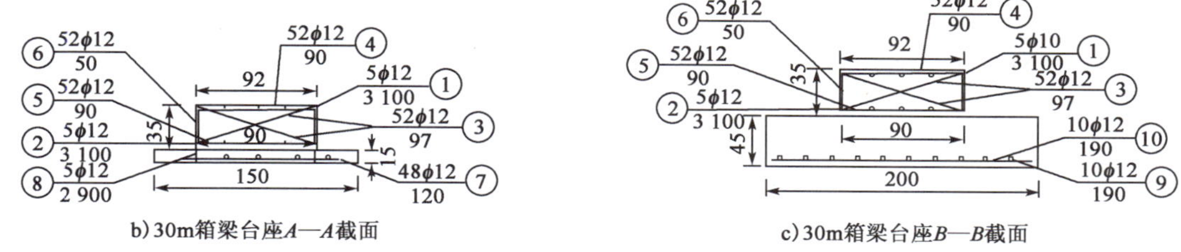

b)30m箱梁台座A—A截面 c)30m箱梁台座B—B截面

图 2-6 30m 箱梁台座设计图(尺寸单位:cm)

图 2-7 台座布设图

(2)台座空间布设。

为满足空心板梁现场施工空间的要求,每道底座之间设置间距为 3m,以便于模板安装及拆除的操作(图 2-9)。

3)盖板及 8m 空心板台座的设计

(1)台座细部构造。

吐小项目第 2 标段共计涵洞盖板 1 515 片,8m 空心板 1 262 片,两种梁板底板宽度设计一样,故台座可以通用,设置宽度 98.5cm,台座高度 10cm,台座底层每隔 60cm 预埋 15cm 长 φ12 钢筋,台座顶面四周焊接 5 ×3.7cm 槽钢,台座顶面焊接 6mm 厚 Q345 钢板作底膜,并与槽钢焊接形成制梁台座。距离台座50cm处设置顶撑基座,模板安装时使用千斤顶顶固模板(图2-10)。

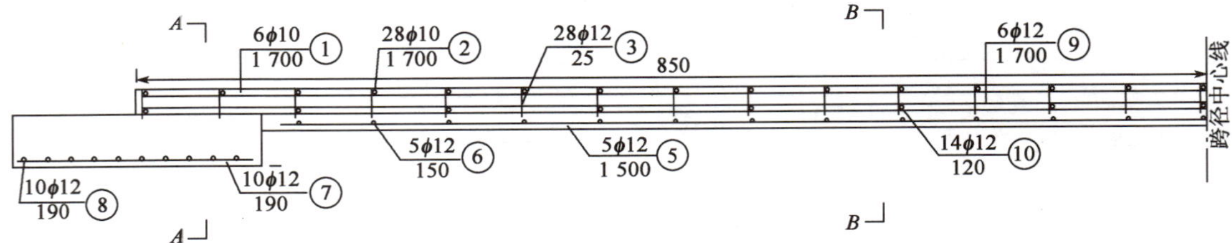

a)16m空心板台座立面图

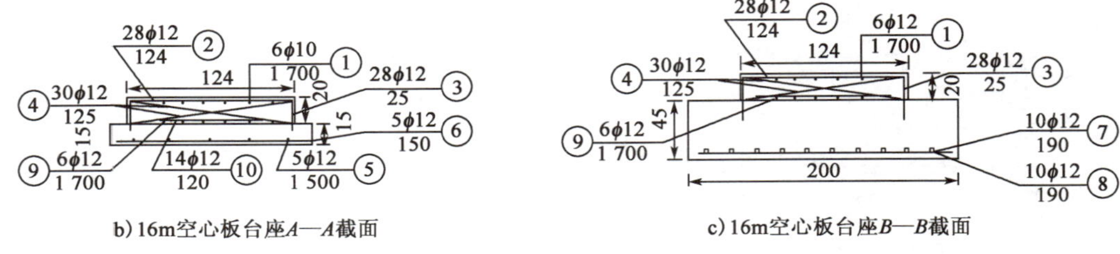

b)16m空心板台座A—A截面　　c)16m空心板台座B—B截面

图2-8　16m空心板台座设计图(尺寸单位:cm)

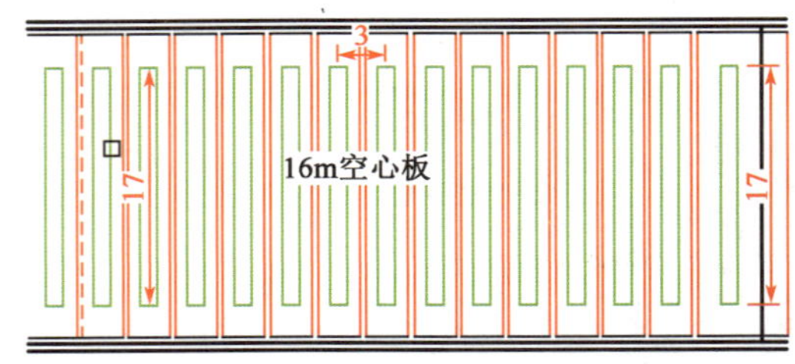

图2-9　16m空心板台座布设(尺寸单位:m)

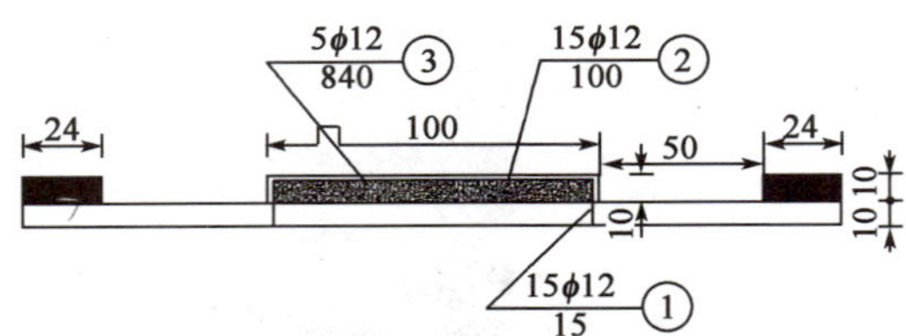

图2-10　盖板及8m空心板台座设计图(尺寸单位:cm)

(2)台座空间布设。

为满足盖板及8m空心板梁现场施工空间的要求,每道底座之间设置间距为3m,以便于模板安装及拆除的操作(图2-11)。

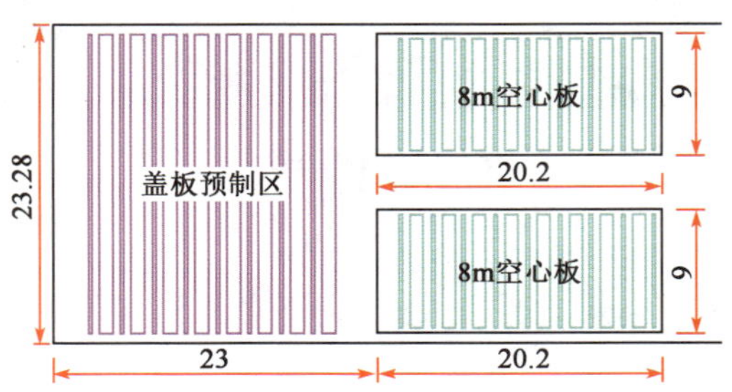

图2-11　盖板及8m空心板台座布设(尺寸单位:m)

2.3.4　场内设备配置

1)施工机具配置

预制梁场根据梁场生产工程量配备资源,吐小项目第2标段共需涵洞盖板1 515片、8m

空心板 1 262 片、16m 空心板 380 片、20m 箱梁 180 片、30m 箱梁 60 片，根据工程量情况及梁板型号，配备资源见表 2-1。

配备资源表　　表 2-1

序　号	设备名称	规格型号	数　量
1	发电机	KH300GF	1 个
2	智能张拉仪		1 组
3	智能压浆系统		1 组
4	自动喷淋设备		6 组
5	箱梁钢模板		2 套
6	蒸汽养生棚		3 套
7	交流电焊机	BX1-500	5 台
8	钢筋调直切断机	GT4-14	2 台
9	钢筋弯曲机	GJ7-40	2 台
10	钢筋弯曲机	GW65	2 台
11	钢筋切断机	GQ40	2 台
12	电动凿毛机	LS-11B	5 台
13	振捣棒	30mm	6 台
14	高频振动器	ZF-150D	30 台
15	平板振捣器	ZW35	6 台
16	数控钢筋自动加工设备	WG 28F	1 套

2）龙门吊配置

吐小项目第 2 标段根据预制场生产情况、场站规模安设适宜现场操作的龙门吊机，龙门吊比吊车更加快捷方便，且操作方便、安全系数高，配置见表 2-2。

龙门吊型号及数量　　表 2-2

序　号	设备名称	规格型号	数　量
1	轨道式龙门吊	100t	1 组
2	轨道式龙门吊	10t	3 组
3	轨道式龙门吊	32t	2 组

根据安全验算，箱梁吊装采用 100t 龙门吊，空心板采用 32t 龙门吊，盖板以及钢筋吊装采用 10t 龙门吊（图 2-12）。

轨道铺设前下部应保证基底密实且浇筑断面为带状混凝土，以保证轨道的稳定性。

3）其他设施配备

在预制场显眼位置设置预制场平面图、工艺流程图、质量检验标识牌、安全警示牌、安全操作规程、文明施工牌等（图 2-13）。钢筋加工棚设置机械操作规程、钢筋大样图标示牌。

a)

b)

图 2-12　龙门吊

图 2-13　安全操作规程指示图

2.3.5　给水排水系统设置

梁场内设置了完善的排水系统，在制梁区和存梁区两侧设置纵向排水沟与轨道平行，台座间设置一道排水槽，以保证梁场内排水通畅。养生用水统一排到预制台座中间的预留排水槽内（图 2-14），横向排到和轨道平行的排水沟里面。排水沟深 20cm、底宽 30cm（图 2-15），上面铺设塑料网格，网格上面涂刷黑、黄相间的油漆，以防止杂物掉入。

图 2-14　横向排水沟

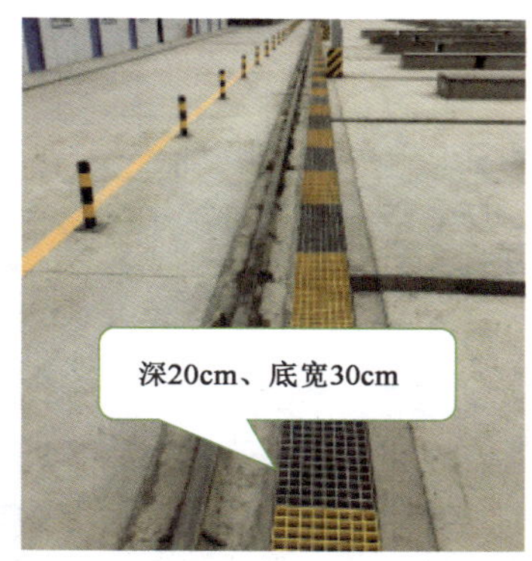

图 2-15　纵向排水沟

2.3.6　养生用水循环系统

喷淋作业是目前道路桥梁预制件养生的主要手段，但传统工艺中的养生用水大多为一次使用，易造成水资源的浪费和环境的污染。采用养生用水的收集、过滤和循环再用工艺，可有效提高养护用水的利用效率，不仅可以降低工程成本，提高养生质量，而且具有显著的减排环保效果。

1）工作原理

预制梁分散喷水养生工艺适用于各种工程预制梁的施工，可在环境温度大于或等于 5℃以上的施工场合应用，因此具有广泛的适用性。同时无需对原施工场地进行大的改造，只需在预制场建设时根据养生场地的地形设置回流水沟，保证及时回收养生洒落到地面的水，在沉淀和滤清后循环利用，并以压力泵水的方式对预制梁进行喷水养护。

2）施工工艺流程

预制梁散喷养生及水循环利用是在保证养生质量前提下，对传统施工工艺的技术升级和改进，为保证该技术顺利实施，应按如图 2-16 所示作业流程操作。

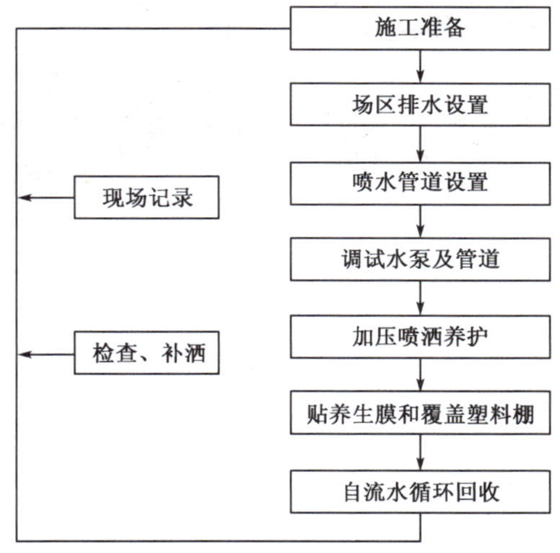

图 2-16　预制梁散喷养生及水循环利用作业工序图

2.3.7 钢筋加工区

预制场设置独立钢筋加工棚，占地 800m²，分为半成品加工区（图 2-17）和原材存放区。加工区纵向设 3 条加工生产线，机械排放整齐，机械用电从地面开槽埋设。半成品按照每种不同型号的钢筋用固定模具摆放整齐。

a)

b)

图 2-17 钢筋半成品加工区

2.3.8 材料存储区

钢筋原材存放台座（图 2-18）采用混凝土浇筑 30cm × 30cm 长条台座支垫，按照每种不同型号的钢筋整齐摆放，分隔开来。压浆剂、锚垫板、预应力锚具、波纹管在材料棚内分区、分栏存放（图 2-19）。

图 2-18 钢筋原材存放台座

图 2-19 波纹管存放区

2.4 场内用电系统

配电箱中接线整齐规范，用电终端采用砖砌台架立配电箱，电箱台涂刷黄白条纹警示标识，配电箱上贴警示标志及负责人信息（图 2-20）。二级配电箱到三级配电箱的线路在地下走线（图 2-21），线路沿轨道布设，具体在暗沟旁边用红砖砌筑，并和暗沟隔离。每个三级配电箱（图 2-22）旁边设置一个 LED 灯柱，灯柱高 4m，用于夜间施工照明，场内杜绝乱拉电线以及使用不合格的碘钨灯等；龙门吊等大功率设备应注意其配电线的设置(图 2-23)；配电柜内应标注电路使用情况，规范用电(图 2-24)。

a)三级配电箱

b)二级配电柜

图 2-20　三级配电箱与二级配电柜

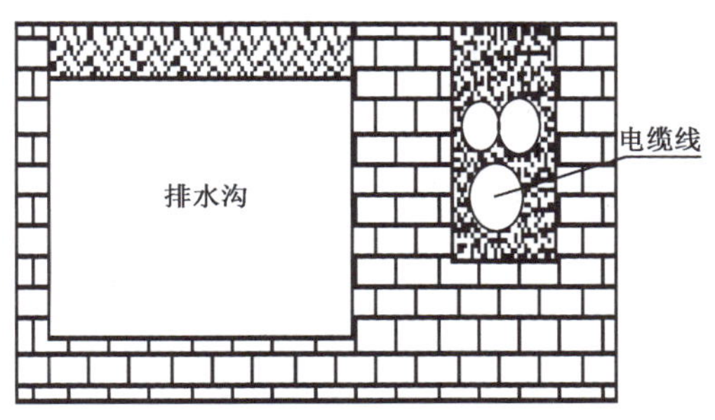

图 2-21　地下电缆走线图

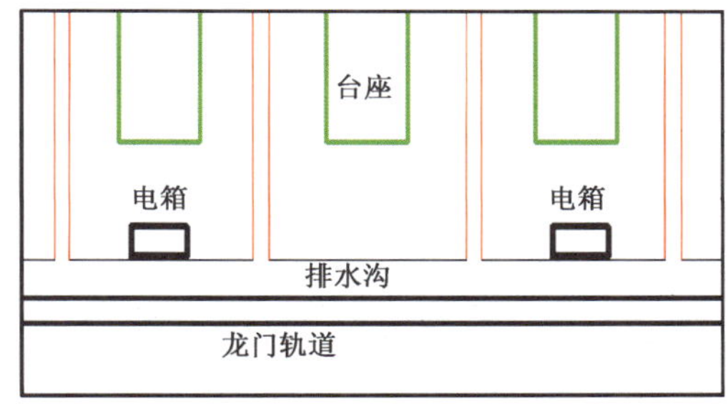

图 2-22　电箱布设图

图 2-23　龙门吊规范用电

图 2-24　配电柜规范用电

2.5 环境保护措施

2.5.1 大气环境的保护措施

(1)对易产生粉尘、扬尘的作业面和装卸、运输工程,制定操作规程和洒水降尘制度,以保持湿度、控制扬尘。

(2)拌和站和混凝土搅拌机设防尘设施,拌和站的厂址、燃油料的仓库选在人口稀少、自然通风、远离河流的平坦地方,以减少对居民区的大气污染和水质环境的污染,并设置防火急救设施。

(3)严禁在施工现场焚烧任何废弃物和会产生有毒有害气体、烟尘、臭气的物质等。

(4)施工便道应经常洒水保持湿润,避免过往车辆扬尘影响周围农作物的正常生长。

(5)生活营地使用清洁能源,炉灶应符合烟尘排放标准。

2.5.2 噪声环境的保护措施

严格执行《工业企业噪声控制设计规范》(GB/T 50087—2013),控制和降低施工机械和运输车辆造成的噪声污染。出入村庄附近的机械、车辆做到不鸣笛、不紧急制动,安全行驶。集中拌和站围墙,必要时使用降噪围墙。设备选型优先考虑低噪声产品,机械设备合理布置,正确安装、固定,减少阻力及冲击振动。紧密安排工程工序,对产生噪声或强音的工序严格安排在白天施工。

在靠近村镇及居民区附近的工点,尽可能减少夜间施工,减少噪声干扰。

2.5.3 水土保持的保证措施

(1)保护生态,做好水土保持工作,实行“三同时”制度,即必须与主体工程同时设计、同时施工、同时投入使用,加强对施工人员水土保持的教育管理,严格遵守《中华人民共和国水土保持法实施条例》及地方政府有关法律、条例。

(2)建立水土保持管理机构,配置专职水土保持员,建立健全水土保持体系,坚持“预防为主,综合防治,全面规划”原则,抓住实际工程水土保持工作重点,有针对性地采取措施,确保水源不被污染。

(3)施工前,邀请地方政府水土保持主管部门共同对沿线水文、地质情况进行调查,共同研究制定出可行的水土保持方案;并制定出详细的水土保持施工措施。

(4)施工中严格按设计方案施工,尽量减少植被破坏,废弃的石、土必须运至规定的弃土场堆放,做好挡护和绿化。工程竣工后,对弃土场、生活、生产用地及施工便道等,按照当地水土保持主管部门的要求进行复耕或绿化,同时修建好排水系统,防止水土流失。

(5)施工中需砍伐、迁移的树木、花卉、绿地,施工完毕后尽量予以还建,恢复原环境。梁场施工采用严格有效地降水措施,避免过量排泄地下水,尽量保持原水文地质条件。

2.6 本章小结

本章从预制场选址与规划、预制场区建设、预制场用电系统及预制场环境保护措施四个方面来对预制场的建设进行了说明。通过对预制场标准化建设的控制，使预制场更符合实际生产能力的需要，并保证了生产过程中的质量控制以及人员安全，为广大公路建设者们在预制场建设时提供切实可行的经验总结。

(1)应充分考虑在建公路工程的走向，周边自然环境的影响，预制件的运输距离三个因素来进行预制场的选址。

(2)预制场的规模应根据实际生产情况而定，办公区、生活区、材料堆放区、钢筋加工区、预制区、存梁区等各个区域布置应合理、实用，场地的占地面积应满足施工生产需要。

(3)场区建设分为场地硬化、通道设计、制梁台座设计、场内设备配置、给排水系统设计、用电系统设计，其中，制梁台座设计应作为预制场场区建设的重点。

(4)预制场场区周边环境的保护措施同样是预制场建设的重点，场区环境保护从大气环境的保护、噪声环境的保护、水土保持的保证措施三个方面进行。

第 3 章　梁板及小型构件预制施工

3.1　概　　况

预制构件的质量直接影响着吐小项目的整体质量，因此预制构件的预制施工过程质量控制是预制场的工作重点。本章节以吐小项目第 2 标段预制场的箱梁、空心板、涵洞盖板预制为案例进行详细说明。

3.2　箱梁预制施工案例

吐小项目第 2 标段根据实际工程共需 20m 箱梁 180 片、30m 箱梁 60 片，本节选取 20m 箱梁的预制过程作为实例进行说明。

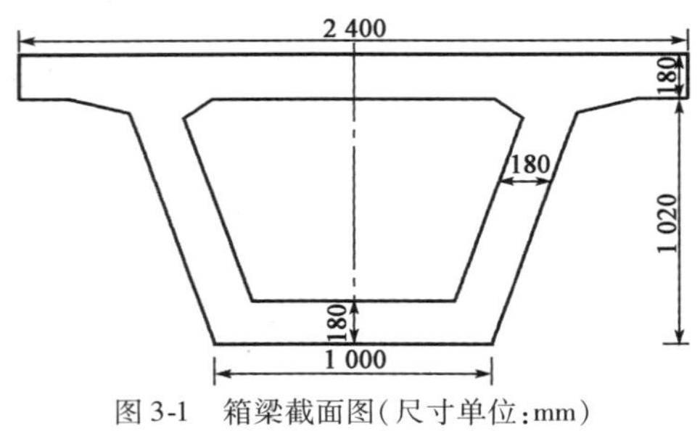

图 3-1　箱梁截面图（尺寸单位：mm）

3.2.1　预制准备工作

首先规划预制场地，平整压实，处理好场地地基，预应力箱梁底座采用 30cm 厚的 C30 混凝土，梁底模采用 4mm 厚的钢板，四周设补强角钢（3cm × 3cm）。箱梁预制施工前须明确箱梁型号、尺寸（图 3-1）、数量，从而进行材料准备及设备配置。以预制一片 20m 箱梁为例，其所需的材料及设备见表 3-1。

预制一片 20m 箱梁的材料及设备配备情况　　表 3-1

材 料 名 称	数　量	机 械 名 称	数　量
ϕ25 钢筋	769kg	25t 吊车	1 台
ϕ20 钢筋	461kg	装载机	1 台
ϕ16 钢筋	442kg	挖掘机	1 台
ϕ12 钢筋	2 032kg	JS900 型搅拌机	1 套
ϕ10 钢筋	436kg	混凝土运输车	1 辆
ϕ8 钢筋	338kg	插入式振捣器	2 台
内径 50mm 波纹管	39m	附着式振捣器	4 台
内径 55mm 波纹管	78m	电焊机	2 台
箱梁模板	6 套	钢筋加工设备	1 套
混凝土	$19m^3$		

3.2.2　箱梁预制施工工艺

箱梁预制施工工艺如图 3-2 所示。

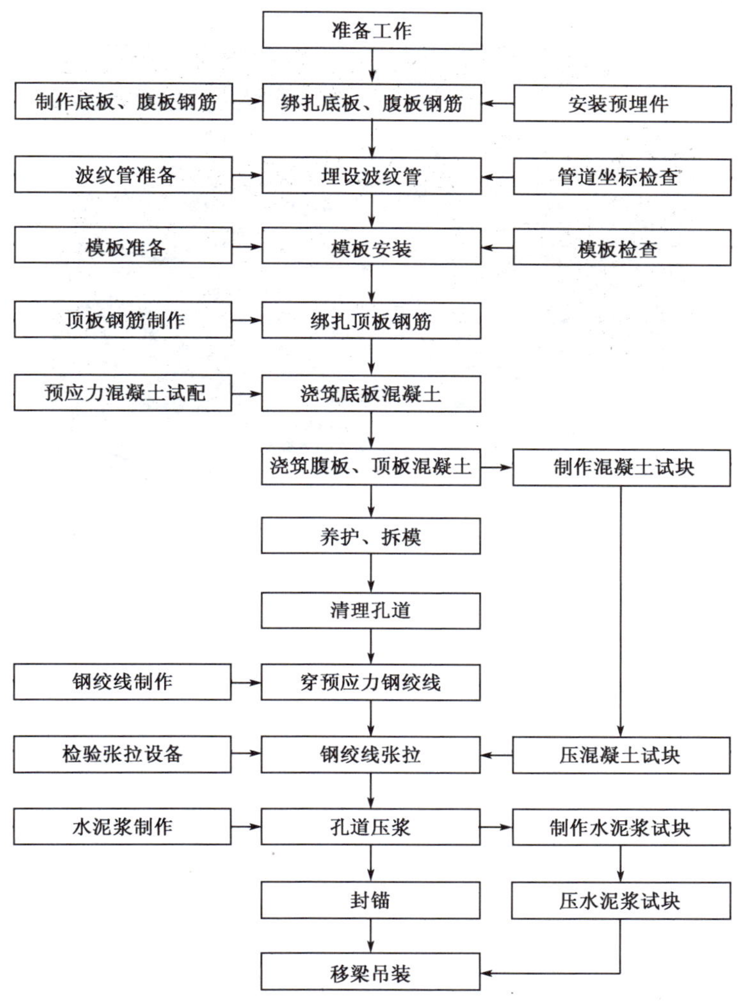

图 3-2　箱梁预制施工工艺图

3.2.3　钢筋加工及安装

1) 钢筋加工

钢筋在项目钢筋加工厂集中加工，加工的半成品钢筋按每片梁为单位进行堆放(图 3-3)。

2) 钢筋接头

(1)受力主筋的接头按图纸或批准的加工图规定设置。

(2)钢筋接头严禁设在最大受力段,尽可能使接头交错排列,接头间相互错开的距离不小于35*d*(*d* 为钢筋直径),且不小于500mm。

(3)布置在同一区段内(35*d* 长度范围内,且不小于500mm)的受拉钢筋焊接接头,其截面积不得超过配筋总面积的50%,在受压区不受限制。

图3-3 钢筋半成品堆放

3)钢筋安装

(1)在底板上均匀涂刷脱模剂后,进行底板钢筋绑扎。绑扎时严格用卡具先摆放受力钢筋、后绑扎水平分布筋,下设垫块,呈梅花形布置。

(2)腹板钢筋绑扎时应注意变宽段,变宽段钢筋起变点位置严格按照图纸要求控制。

(3)顶板钢筋绑扎前须清理模板内杂物,按画好的间距先摆放横向钢筋、后绑扎纵向钢筋,安放垫块,呈梅花形布置。钢筋的垫块采用高强混凝土穿心圆垫块,内模采用钢筋头支撑,间距在纵横向均不得大于1.2m。

3.2.4 预应力孔道波纹管安装

(1)波纹管穿入后应严格定位,定位筋间距直线段为100cm,曲线段为50cm。先计算出定位筋各点的坐标,然后在侧板钢筋上量距、画线,最后用定位钢筋将波纹管固定牢固,当底板上钢筋与管道位置相冲突时,可适当挪动钢筋(图3-4、图3-5)。

(2)波纹管的连接应采用大一号的同型波纹管作接头,接头管长200mm,然后在接头处用塑料胶带密封,以防漏浆(接头应尽量少)。

(3)波纹管安装完成后,穿入衬管然后将其管口用胶带密封,检查波纹管完好性,保证无孔洞无堵塞。

(4)波纹管表面应保证无任何有害物质,如油污、泥土等,同时波纹管定位或钢筋施工焊接时需用毛毡浸湿包裹波纹管,以防损伤波纹管。

图3-4　波纹管安装

图3-5　波纹管定位

3.2.5　模板安装

1）侧模及端模的安装

（1）模板安装之前，要彻底除锈，并清理模板上的杂物，涂上脱模剂（图3-6）。

图3-6　箱梁侧膜

（2）侧模之间及侧模与底模之间夹上止浆条或双面胶带。

（3）侧板底部采用对拉拉杆，拉杆拧紧之前应调整模板高度。

（4）可先安装端头模板，再安装侧模（也可反之），侧模与端模应连接牢靠。

2）内模的安装

（1）内模的安装应严格控制底板厚度。

（2）为防止混凝土浇筑过程中内模上浮，在内模接头顶部可压槽钢架，待浇顶板混凝土时拆除。所有模板安装完毕后，经检查合格后方能进行下道工序（图3-7、图3-8）。

图 3-7　箱梁模板安装

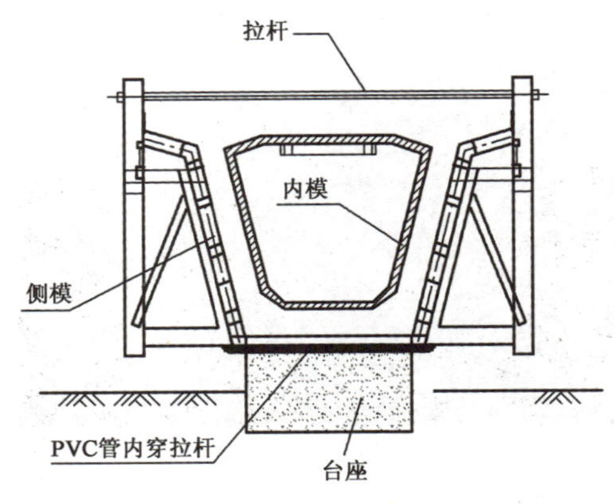

图 3-8　箱梁模板安装截面图

3）允许误差范围

模板尺寸：+5mm，0；模板平整度：5mm；相邻模板高度：2mm；纵轴平面位置：30mm。

4）锚锭板的安装

在波纹管端头安装锚锭板，特别注意使其端面与钢束相垂直并与端头模板紧密相贴。另外，可在锚锭板背面焊一段短钢管（其内径等于波纹管外径），以确保波纹管端部定位及防止漏浆。

安装锚锭板时要检查其型号，不同部位的孔道应对应图纸上要求的锚锭板。

3.2.6　箱梁混凝土浇筑方案

1）混凝土浇筑前注意事项

（1）浇筑混凝土前，检查内模是否用顶杆顶严，防止内模上浮。为了保证预留孔道的准确，端模应与外模和底模紧密贴合，不得平移或转动。且锚头垫板的端面应与钢束垂直，为方便压浆，压浆口应统一向上，并与孔道轴线垂直。浇筑前检查振动设备、吊装设备、照明灯和养生水。

（2）预埋件位置准确且不能漏埋，特别是锚垫板必须与端头模板密贴。垫板处的加固钢筋网尺寸和位置按设计图纸制作安装，预应力孔道的外径和各段的坐标位置应符合设计要求，固定牢靠。顶板负弯矩处的孔口处应封堵严实，防止浇筑混凝土时，灰浆进入孔内。

（3）预应力箱梁的梁长检查、顶板宽度、腹板厚度应符合设计要求。梁长允许误差为+5mm、-10mm，宽度允许误差顶宽为±30mm，底宽为±20 mm，高度允许误差为+0mm、-5mm，平整度允许误差为5mm，横隔梁及预埋件位置允许偏差为5mm。顶板的拉杆、侧模的斜撑、楔块必须牢固可靠。

（4）浇筑箱梁混凝土前严格检查伸缩缝、护栏、泄水孔、支座、预埋钢板等附属设施的预埋是否齐全，浇筑前应保证预应力孔道及钢筋位置的准确，检查制好的孔道是否畅通。

2）混凝土的拌制

混凝土由拌和站集中生产，配合比由试验确定。水平运输采用混凝土罐车，垂直运输采用溜槽引导入模。

3）浇筑方法

（1）浇筑混凝土时，先浇底板混凝土，再浇侧板混凝土，最后浇筑顶板混凝土；采用一气呵成的连续浇筑法（图3-9）；采用水平分层、左右对称连续浇筑方式，从梁的一端向另一端推进，分段长3m，分层下料厚度30cm。

a)

b)

图3-9　箱梁浇筑现场

（2）浇筑方法是从梁的一端循序进展至另一端，在接近另一端时，为避免梁端混凝土产生蜂窝等不密实现象，改为另一端向相反方向投料。

（3）分层下料、振捣，每层厚度不宜超过30cm，上下层浇筑时间相隔不超过1h（当高温在30C°以上时）或1.5h（当高温在30C°以下时）。上层混凝土必须在下层混凝土振捣密实后方能浇筑，以保证混凝土有良好的密实度。

（4）分段长度取3m，分层浇筑时在前一段混凝土初凝前开始浇筑下段混凝土，以保证混凝土的连续性。混凝土浇筑不得任意中断，因故必须间隙时，间隙最长时间应按所用水泥凝结时间、混凝土的水灰比及混凝土硬化条件确定，一般控制时在1～2h之间。段与段之间的接缝应为斜向，上、下层混凝土接缝互相错开，以保证混凝土浇筑的整体性。

（5）为保证底板与侧板相交处混凝土的密实，在浇筑底板混凝土时，一部分混凝土由侧板下料，一部分混凝土由内模顶部的投料口下料。使用插入式振捣器振捣由侧板下斜的混凝土，使其混凝土溢流出来与底板混凝土相结合。然后再次充分振捣，使两部分混凝土完全融合在一起，消除了底板和侧板之间出现脱节和空虚不实现象。

（6）底、侧板交界处因侧板混凝土沉落而造成的纵向裂纹，可在侧板混凝土浇完后略停一段时间，使侧板混凝土充分沉落，然后再浇顶板混凝土。但必须保证在侧板混凝土初凝前将顶板混凝土浇筑完毕，并及时整平、收浆。

（7）底板混凝土浇筑时，注意按图纸要求设置底板通气孔。底板混凝土浇筑完一段，应及时将内模底钢板装好，以免在浇侧板混凝土时，底板混凝土上翻。顶板混凝土浇筑完 1 ~ 2h 后，对混凝土进行二次收面，表面拍打、振密。并及时对顶板混凝土进行拉毛。

4）混凝土的振捣

（1）浇筑侧板混凝土时，采用侧模外附着式振动器和插入式振捣器联合振捣，其附着式振捣器的功率一般为 1.5kW，每次振捣时间控制在 5 ~ 10s，应特别注意底侧板交界处和梁端的振捣。由于端头钢筋较密，应采用小口径的 ϕ30mm 的插入式振捣器，并配备人工插捣和模板外部的敲击振捣。

（2）混凝土在振捣过程中，应注意掌握振捣间距，插入式振捣器的插入点间距不应大于 45cm（方格形排列）或 50cm（交错形排列）。

（3）插入式振捣器的振捣：要快插、慢拔，上下抽动 5 ~ 10cm。振捣器要插入已振完的下层混凝土 5cm 左右；掌握好振捣时间，观察混凝土表面是否不再下沉，不再出现气泡，表面是否呈水平面，是否泛出水泥浆。如果观察各项均发生时，表示混凝土已振实。振捣时间一般可掌握为每个插点 20 ~ 30s。混凝土振捣时一定不得出现过振现象，当混凝土表面出现鱼鳞纹，甚至有轻微离析时就表示混凝土已过振。

（4）为防止波纹管接头脱节、移位、变形，振动棒不得触到波纹管和模板。

混凝土浇筑时应随时注意检查与校正端部锚锭板、波纹管及其他预埋件的位置。

5）混凝土的拆模及养生

（1）外模的拆除一般以混凝土强度达到 2.5MPa 为宜，并且拆除时保证其表面及棱角不致因拆模而受损坏时方可拆除；侧模拆除时先松拉杆及底托，在模板顶部施力，使模板绕下轴点旋转脱模较省力。模板离开梁体后，仍需多移出一定的空隙后再起吊，以免起吊时梁体和模板碰撞。吊运到存放处后，清洗、维修、涂油保养，以供下次使用。

（2）混凝土浇筑完成后应及时对梁体进行养生（图 3-10），在混凝土浇筑完成 2h 后覆盖并洒水养生，拆完模板后继续覆盖喷淋养护，底板混凝土在两端口处封一台阶，内部注入部分水，保证箱内混凝土湿润，养生不少于 7d，对箱梁养护的具体措施详见第 5 章。

a)

b)

图 3-10　箱梁养生现场

（3）混凝土拆模后，检查其外形尺寸，伸出钢筋、各种预埋件及混凝土的质量。特别要检查梁长，确保安装时不致发生困难。对翼缘板等设计要求凿毛部位进行凿毛处理，凿毛效果如

图 3-11 所示，且对每片梁板都应进行编号，作永久性的标识。箱梁检查项目见表 3-2。

a)

b)

图 3-11　箱梁顶面凿毛效果

箱 梁 检 查 项 目　　表 3-2

序　　号	检 查 项 目			规定值或允许偏差值	检查方法和频率
1	混凝土强度（MPa）			在合格标准内	
2	梁（板）长度（mm）			+5，－10	用尺量
3	宽度（mm）	干接缝（梁翼缘、板）		±10	用尺量 3 处
		湿接缝（梁翼缘、板）		±20	
		箱梁	箱梁顶宽	±30	
			箱梁底宽	±20	
4	断面尺寸（mm）	顶板厚		+5，－0	用尺量 2 个断面
		底板厚			
		腹板或梁肋			
5	高度（mm）			0，－5	用尺量 2 处
6	平整度（mm）			5	用 2m 直尺检查
7	横系梁及预埋件位置（mm）			5	用尺量

3.2.7　张拉及注浆

1）梁体的张拉

（1）梁体张拉条件。

待混凝土的强度达到设计强度的 90% 时且不小于 7d 时方可进行，张拉采用两端对称张拉的工艺，张拉端位置如图 3-12 所示。

（2）制束、穿束。

制束：按梁长＋工具锚＋千斤顶长度进行下料，按钢丝束长度和孔位编号。制好的钢丝束应绑扎牢固、端头无弯折现象，并用塑料胶带对钢丝束端头包裹以减少孔道摩擦。对制好的钢束或钢绞线须进行覆盖保护以防锈蚀。

穿束：穿束前全面检查锚垫板和孔道，锚垫板位置应正确，若锚垫板移位，造成垫板平面和孔道中轴线不垂直，则用楔形钢垫板加以纠正；孔道内应无杂物且畅通。穿束时核对长度，对号穿入孔道。穿束一般采用人工直接穿束，也可借助一根5mm的长钢丝作为引线用小型卷扬机穿束。

图3-12　箱梁张拉端与固定端

(3)张拉的一般要求如下。

①张拉之前应对张拉设备进行校验，校验合格后方可进行张拉。

②张拉应由富有经验的技术人员指导预应力张拉作业。

③所有的张拉设备要注意维修和保养。

④预应力张拉过程中，如果发生下列任何一种情况，张拉设备应重新进行校验。

a. 张拉超过200次或使用时间超过6个月。

b. 千斤顶漏油严重。

c. 油压表指针不回零。

d. 调换千斤顶油压表。

e. 张拉过程中，预应力钢丝经常出现断丝。

⑤张拉时温度不应低于－15℃。

(4)施工要求。

①张拉即将开始时，所有的钢绞线在张拉点之间能自由滑动。

②预应力筋的张拉顺序应符合图纸规定。

③初始应力把松弛的钢绞线拉紧，此时将千斤顶充分固定。在把钢绞线拉紧后，要在钢绞线的两端精确的作好记号，钢绞线的伸长量或回缩量从该记号量起，钢绞线的伸长量也可从千斤顶活塞的伸出量得到，每次量的缸体伸长量，都要从千斤顶上同一固定点量起。量取最终伸长量时，张拉到控制应力，持荷2min，以回油锚固活塞返零为计算终点。由于钢绞线束由多根组成，每根钢绞线都应作好记号，以便观测是否滑移。

④张拉力和伸长量的读数应在张拉过程中分阶段读出，量测伸长量要用钢板尺，读数应准确(图3-13)。

(5)钢绞线张拉后,及时在钢绞线端头作好记号,以便测定钢绞线的回缩量和锚具变形量,其值不应大于 6mm。钢绞线不允许出现断丝、滑丝,当出现断丝、滑丝时应放松钢绞线换束重新张拉或对滑丝、断丝的钢绞线换束后单根补拉。

(6)当计算钢绞线的理论伸长值时,应根据试样或试验报告证书确定弹性模量。在张拉完成后,测得的伸长值与计算的理论伸长值之差应在 ±6% 以内;否则,应重新校验设备或对预应力材料作弹性模量检验,并放松钢绞线重新张拉。

(7)张拉时应对每个压力表、油泵及千斤顶的编号做好记录,并一一对应。

2)孔道压浆

(1)压浆前的准备工作。

①切割锚外钢丝。切割时应采用砂轮机。

②孔道压浆前用压力水冲洗,以排除孔内的杂物,保证孔道畅通。冲洗后用空气压缩机吹去孔内积水,但要保持孔道湿润,以使水泥浆与孔壁的结合良好。

③水泥浆拌和机能制备具有胶稠状的水泥浆,压浆泵应采用活塞式压浆泵。水泥浆可连续操作,并以 0.7MPa 的恒压作业,其最大压力为 1.0MPa。在压浆完成的管道上保持压力,且装有一个喷嘴,该喷嘴关闭时,导管中应无压力损失(图 3-14)。

图 3-13　张拉设备

图 3-14　灌浆泵进浆管位置

④压力表和压浆泵在第一次使用前应加以校准。所有设备在灌浆操作中至少每 3h 用清洁水清洗 1 次,每天使用结束时也应清洗 1 次。

(2)压浆。

①压浆时水泥浆应采用标号 52.5 的硅酸盐水泥。

②水泥浆的水灰比一般在 0.4 ~ 0.45 之间,稠度控制在 14 ~ 18s,压浆温度控制在 5 ~ 35℃之间,可采用智能压浆机(图 3-15)。

③水泥浆的拌和应先下水再下水泥,拌和时间至少 2min。任何一次投配以满足 1h 的使用即可。水泥浆从调制到压入孔道的延续时间不超过 45min,水泥浆在使用前和压注过程中应经常搅动。

④孔道压浆顺序是先下后上,要将集中在一处的孔道一次压完。每个压浆孔道两端的锚塞进、出口均应安装一节带阀门的短管(内径不小于 10mm),以备压注完成时封闭,保持孔道中的水泥浆在有压状态下凝结。孔道的压浆应缓慢、均匀地进行,不得中断。

⑤钢绞线张拉后，孔道应尽早压浆，一般不超过24h。每一孔道由两端各压入一次。两次的间隔时间以达到先压入的水泥浆充分泌水又未初凝为度，一般为30～45min。每个孔道压浆至最大压力后，有一定的稳压时间。压浆达到另一端饱满和出浆，并且排出的水泥浆与拌制的水泥浆稠度相同为止。关闭出浆口后恒压0.7MPa，并不少于2min。

⑥压浆过程中应有详细的记录，包括每个孔道的压浆日期、水灰比及掺和料、压浆压力等（图3-16）。

图3-15　智能压浆机

图3-16　压浆试验检测

3.2.8　梁体的存放及架设

箱梁张拉压浆后强度达到设计强度的95%后，可进行吊装存放。为了保证梁体结构在运架过程中的安全性，必须对所架梁型和所通过的结构进行运梁车及架桥机施工荷载检算。

施工安全控制要点如下：

（1）龙门吊、架桥机拼装及行走路过的路基必须压实，防止在拼装运行过程中出现下沉，造成事故。

（2）龙门吊、架桥机拼装完毕后，必须要做试吊梁试验，试吊合格并取得当地劳动技术监督部门颁发的安全生产许可证后方可正式架梁施工。

（3）架桥机架设第一跨梁时，中车支腿横移轨道下的基础必须压实，以防止架桥机在架梁过程中出现下沉，造成事故。

（4）架桥机纵向运行轨道两侧高度应保持水平、平稳。前支腿、中支腿横移轨道铺设要求水平，并且两轨道必须平行，轨道下垫木必须选用优质方木或枕木垫实，特别是边跨梁位置，防止架桥机在架梁过程中出现下沉，造成事故。

（5）架设斜交桥梁时，架桥机前车、中车行走轮位置和左右轮要前后错开，其间距可根据斜交角度计算，以便走行轮可在同一横移轨道上运行。

（6）轮轨式运梁车运梁、架桥机过孔纵移轨道末端均要安装夹轨器，防止其滑行，横移轨道末端要设置行程开关。

(7)架桥机每次过孔前,每孔梁的横隔板钢筋必须全部按要求焊接完毕,经监理同意后方可过孔行走。

(8)架桥机就位更换横移轨道,使用千斤顶顶起中车时,两侧要同时同步进行,并及时在两侧填塞枕木,以防止在支顶过程中出现意外发生倾覆。

(9)架桥机悬臂过孔时,两天车必须停在架桥机尾部,并用夹轨器固定,在架桥机就位前,夹轨器不得松开。

(10)架桥机就位时前支腿垂直度不应超过 1/400。

(11)每片梁就位时要在两端设临时支撑,保证大梁垂直稳定,防止倾覆位移。第 2 片梁就位后除临时支撑外,迅速将横隔板钢筋焊接,增强其稳定性。

(12)架桥机架梁坡度不应超过设计最大值,超过时须调整前支腿与中车的高差。坡度过大时盖梁上应铺设斜木使横移轨道铺设水平。

(13)每片梁架设前都要对运架设备进行安全检查,发现问题及时处理,不允许设备带故障作业。

(14)喂梁作业时密切注意梁体的运行位置,走行到距前支腿 1m 时改用慢速前进,防止梁体碰撞架桥机时发生意外。

(15)运架设备进行检修时必须切断主电源,并将配电柜、驾驶室锁好或安排专人看管。

(16)所有运架设备必须可靠接地接零,并安装避雷装置。

(17)风力超过 6 级时严禁作业,并将架桥机、龙门吊锚固。

3.3　空心板预制施工案例

3.3.1　预制准备工作

(1)空心板预制流程如图 3-17 所示。

(2)清理底模、施工放样。

①空心板底模采用 C25 混凝土浇筑,厚度不小于 20cm,上部设置 5mm 钢板。用电动钢丝球刷打磨底模并清理干净,表面无残存物,线形平顺,涂脱模剂,采用机油柴油 1∶1 混合物涂抹均匀。底模两侧与侧模接触面粘帖双面胶,防止漏浆。塑料管与底模顶面平行,接缝平整。

②底模在使用之前进行详细检查,包括平整度、顺直度、结构尺寸等,合格后,应仔细认真的打磨台座顶钢板并均匀涂刷脱模剂,以防止脱模困难。

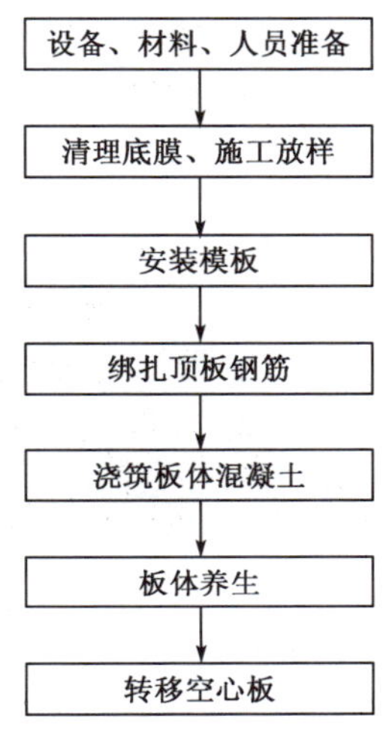

图 3-17　空心板预制流程图

3.3.2　钢筋加工

钢筋应采用合格材料且经过项目部试验室复检和监理试验室抽

检，检测项目见表3-3，按不同钢种、等级、牌号、规格及生产厂家分批验收，分别堆存，不得混杂，且设立识别标志。钢筋在运输过程中应避免锈蚀和污染。钢筋应堆置在仓库（棚）内，露天堆置时，应垫高并加遮盖。钢筋加工应符合下列要求：钢筋的表面洁净，使用前将表面油渍、漆皮、磷锈等清除干净；钢筋平直，无局部弯折，成盘的钢筋和弯曲的钢筋均应调直。

钢筋加工及安装实测项目 表3-3

<table>
<tr><th>项次</th><th colspan="3">检查项目</th><th>允许偏差</th><th>检查方法和频率</th></tr>
<tr><td rowspan="4">1</td><td rowspan="4">受力钢筋间距(mm)</td><td colspan="2">两排以上排距</td><td>±5</td><td rowspan="4">尺量：每构件检查2个断面</td></tr>
<tr><td rowspan="2">同排</td><td>梁板、拱肋</td><td>±10</td></tr>
<tr><td>基础、锚碇、墩台、柱</td><td>±20</td></tr>
<tr><td colspan="2">灌注桩</td><td>±20</td></tr>
<tr><td>2</td><td colspan="3">箍筋、横向水平筋、螺旋筋间距(mm)</td><td>±10</td><td>尺量：每构件检查5～10个间距</td></tr>
<tr><td rowspan="2">3</td><td rowspan="2">钢筋骨架尺寸(mm)</td><td colspan="2">长</td><td>±10</td><td rowspan="2">尺量：按骨架总数30%抽检</td></tr>
<tr><td colspan="2">宽、高或直径</td><td>±5</td></tr>
<tr><td>4</td><td colspan="3">弯起钢筋位置(mm)</td><td>±20</td><td>尺量：每骨架抽检30%</td></tr>
<tr><td rowspan="3">5</td><td rowspan="3">保护层厚度(mm)</td><td colspan="2">柱、梁、拱肋</td><td>±5</td><td rowspan="3">尺量：每构件沿模板周边检查8处</td></tr>
<tr><td colspan="2">基础、锚碇、墩台</td><td>±10</td></tr>
<tr><td colspan="2">板</td><td>±3</td></tr>
</table>

3.3.3 模板钢筋安装

（1）在钢筋加工场将钢筋加工成半成品，在空心板底座上现场焊接、绑扎成型。根据放样结果安装绑扎卡具，在绑扎卡具上先安装腹板外侧水平钢筋，再将安放腹板箍筋和水平筋进行绑扎。在绑扎卡具上摆放底板箍筋，将底板箍筋与腹板箍筋进行对应绑扎，然后穿梭底板主筋和水平筋并与箍筋进行绑扎。预制时要在底模处预埋支座钢板，在底模按设计位置将永久性支座预埋钢板安放到位，并据此插入支座锚固钢筋（图3-18、图3-19）。

图3-18 钢筋绑扎

图3-19 钢筋骨架安放上底板

（2）8m空心板可在绑扎顶板钢筋前安装芯模。芯模采用ϕ22cm的PVC管一次性成孔，不再进行二次封头。两端用1cm厚竹胶板或PVC板盖住，再用塑料胶带缠绕密封，以防止漏浆。PVC管按设计位置并用U形定位筋按每米1道固定，防止变形移位和上浮。

(3)穿梭顶板纵向主筋及水平筋,与腹板箍筋进行绑扎。8m空心板N10钢筋要注意紧贴侧模,以便脱模后拔出,并易与铰缝钢筋相连。应注意在顶板上按40cm纵向间距预埋剪力钢筋,并进行安装后的检测,检测项目见表3-4。

模板加工及安装的实测项目　　表3-4

项　次	检查项目		规定值或允许偏差	检查方法和频率
1	相邻模板表面高差(mm)		2	每构件检查2个断面、用尺量
2	表面平整度(mm)		5	用2m直尺检测
3	轴线偏位(mm)		15	用经纬仪测量纵、横2点
4	模内尺寸	长(mm)	±30	用尺量2点
		宽(mm)	±30	用尺量2点
		高(mm)	±30	用尺量2点
5	垂直度(mm)		0.3%	用垂线检测2点
6	模板顶部高程(mm)		±20	用水准仪测4点
7	预埋位置(mm)		10	用尺量

3.3.4　浇筑混凝土

浇筑混凝土前,应对模板、钢筋进行检查,模板内的杂物、积水和钢筋上的污垢应清理干净,模板如有缝隙,应用原浆灰填严密。浇筑前严格检查支座等附属设施预埋件是否齐全,确定无误后方可浇筑。施工时,应保证钢筋位置准确,控制混凝土集料最大粒径不得大于20mm。浇筑混凝土时应充分振捣密实,严格控制其质量。混凝土运至浇筑地点后必须做坍落度试验,发生离析、严重泌水或坍落度不符合要求时,应进行第2次搅拌。第2次搅拌时不得任意加水,确有必要时,可同时用水和水泥调成灰浆加入以保持其原水灰比不变。如第2次搅拌仍不符合要求,则不得使用(图3-20)。

a)

b)

图3-20　空心板混凝土浇筑现场

采用30型插入式振捣棒振捣至混凝土密实，严格控制混凝土的入模质量，试验人员严格按规范进行混凝土质量的检验，提高预制空心板的内在和外观质量。在灌注上层混凝土时，振捣器应稍插入下层不超过5cm为宜，使两层混凝土结合成一体。混凝土应从振动到停止下沉，无显著气泡上升，表面应平坦一致，以呈现薄层水泥浆时为止。顶层混凝土浇筑完成后应及时找平收浆。采用2次收浆，并在第2次收浆时对板顶混凝土进行拉毛处理。严格控制混凝土配合比及其坍落度，不能满足施工要求的混凝土不得使用，确保混凝土的外观质量。混凝土浇筑完成收浆后，要进行第2次抹面收浆以避免局部出现龟裂，并进行拉毛，清除浮浆，最后用土工布盖好，同时进行养生。

3.3.5 拆模及养生

模板应在混凝土强度能保证其表面及棱角不致因拆模而受损时方可拆除，并在混凝土抗压强度达到2.5MPa时拆除侧模板。拆除模板时不可暴力拆模，严防混凝土受到损伤。拆模时先放松对拉螺杆，防止模板碰撞面板棱角，损伤模板及板体混凝土外观。采用高频振动凿毛机对空心板腹板进行凿毛处理，以加强相邻空心板间铰缝混凝土的结合质量。顶板覆盖土工布并洒水养生，养生期不少于7d（图3-21）。

3.3.6 转移空心板

空心板预制完毕经检查合格后（图3-22），方可存放或架梁。空心板在混凝土强度达到设计强度的85%以后方可起吊、运输。空心板堆放时采用端部两点搁置，堆放层数不得超过2层，并不得上下倒置，移运或存放过程中应采取有效措施保证空心板体横向倾斜不大于3°，纵向倾斜不大于5°。

图3-21 空心板养生现场

图3-22 空心板成品底板

3.3.7 空心板梁的吊装

（1）复查通道涵洞台帽表面高程，弹出板梁安装控制线，支座放置十字线。吊板前在台帽与涵台顶面铺设厚度不小于1cm的油毛毡垫层。

（2）装车。预制板采用25t吊车吊装。在正式起吊安装前，进行满载或超载的起吊试验，以检验起吊设备的可靠性，进一步完善操作方法。将板梁提升到一定高度（2.5m左右），拖车开进板梁下对好方位，缓缓落钩，直到板梁落到拖车上，稳固可靠后方可脱钩。

(3)运输。拖车在现场、公路、临时便道上行使运输时，板梁均需作临时固定。用钢丝绳、小吨位手拉葫芦将板梁与拖车架连接固定，使梁和车形成一体，防止运输过程中板梁移动造成质量、安全事故。平放两端吊点处必须设置支搁方木。

(4)空心板梁运输到安装现场后，用25t汽车吊安装。本工程为半幅施工吊装，汽车吊停于0号、1号桥台外侧背交道路基上。盖板从涵洞中间向两侧逐个安装，应注意安装缝隙均匀，并与台身沉降缝吻合。

(5)空心板梁吊装应有专业人员指挥，起吊及下降时要做到平稳及听从指挥，板梁安装后应无松动，与支座间应无空隙，否则应用铁片垫平。垫平后支座应无松动、无移位，否则板梁应重新安装。

(6)支座采用 $\phi150 \times 42$mm 板式橡胶支座，应保证支座上下密贴。

3.3.8　铰缝施工

(1)空心板梁吊装结束后，需及时进行铰缝处理。由于桥梁采用较窄而深的铰缝，空心板在吊装就位前，应将铰缝结合面充分凿毛，并将铰缝内配置钢筋与预制板伸出的钢筋点焊在一起，且在铰缝上缘将相邻伸出的钢筋互相点焊在一起，以防止出现铰缝开裂、渗水和板体外爬等病害。

(2)铰缝施工时应将板梁间的缝阻塞好，预防水泥浆漏失，铰缝内混凝土应振捣密实。

3.4　涵洞盖板预制施工案例

3.4.1　钢筋加工及安装

(1)钢筋在钢筋加工厂集中加工；根据设计图纸对钢筋进行下料，加工半成品钢筋以每片为单元进行堆放。

(2)将加工好的半成品钢筋运至盖板施工区进行绑扎。钢筋采用扎丝绑扎，扎丝丝头应统一向内，严禁伸入混凝土保护层内；钢筋直径、根数、间距需满足图纸及规范要求；绑扎完成后放入台座上，确保钢筋混凝土保护层厚度及下垫混凝土垫块满足要求，保证钢筋加工质量及结构钢筋的整体性。

(3)钢筋表面应保持洁净，无损伤，使用前将表面的油渍、漆皮、鳞锈等清除干净。自检合格后，报监理工程师验收，验收合格后方可进行边模安装(图3-23)。

3.4.2　模板安装

(1)侧模均采用定型模板。每次模板安装前用磨光机将表面铁锈及油污清理干净，露出金属光泽，然后涂脱模剂。

(2)侧模支立分块进行，用吊车运每块侧模靠上以后，再连接成整体，并穿对拉杆，拉杆采用直径18mm粗丝拉杆，拉杆顺板长度方向每米设置1道，加垫片后套螺母拧紧(图3-24)。

a)

b)

图3-23　检验合格的钢筋

a)

b)

图3-24　盖板模板安装

3.4.3　混凝土浇筑

(1)混凝土由拌和站集中生产,配合比由试验确定。水平运输采用混凝土罐车,到达现场采用桁车或吊车吊料入模(图3-25)。

(2)浇筑采用水平分层、对称连续浇筑方式,从盖板的一端向另一端推,分段长4~6m,分层下料厚度为30~50cm。浇筑顺序从一端开始,混凝土的振捣要跟随浇筑顺序分层振捣,混凝土密实的标志是混凝土停止下沉,不再冒出气泡,表面呈平坦、泛浆。过振和漏振都会给表面造成缺陷。浇筑过程中应制作试件送工地试验室进行养护。

3.4.4　钢模拆卸及养护

(1)钢模拆卸。

拆除模型的顺序为:先拆梁端端模,再拆外模的连接螺栓、斜撑、下拉杆。然后从梁体一端开始逐节拆除，使用吊车将模板吊入适当地点。

a)

b)

图 3-25　盖板的浇筑

拆模时严禁用大锤、撬棍敲击钢模，也不准使用铁楔打入模型内，以免造成钢模局部变形和盖板磕损。

(2)养护。

梁板混凝土初凝后开始覆盖养护，终凝后开始洒水养护，对浇筑完成的混凝土表面用塑料薄膜包裹封闭，覆盖养生毛毡等不褪色保水性材料，安排专人定时洒水，养护工具采用小型水泵连接水管以保证混凝土的湿润度，持续覆盖养生，周期不小于 7d(图 3-26)。

a)

b)

图 3-26　盖板的养生

3.4.5 吊运存放

钢筋混凝土盖板混凝土强度达到设计强度的95%时，可起吊、堆放和运输。堆放时需在板端锚栓孔附近用两点搁置，不得上下倒置。为了保证盖板结构在运架过程中的安全性，必须对所架盖板和所通过的结构进行运梁车施工荷载检算。

同时运架过程中注意以下几点：

(1)钢筋混凝土盖板混凝土强度达到设计强度的95%时方可进行吊装施工。

(2)架梁吊点设置位置应高于盖板的重心。

(3)所选吊具必须经过检算满足规范要求的强度。

(4)为防止盖板在运架过程中受损，吊、运设备均应能够实现四点起吊三点平衡的功能。

(5)落梁支撑垫石强度达到设计值，经监理同意后方可架设。

3.5 本章小结

本章以吐小项目第2标段预制场预制施工为实例，分别介绍了箱梁、空心板、涵洞盖板的施工工艺，详细说明了预制前的准备工作、钢筋加工、模板安装、浇筑混凝土、张拉压浆、拆模及养护等方面具体控制细节，通过标准化施工和精细化管理，严格控制预制施工各道工序，使得预制件各项检测数据均达到检测要求。以箱梁为主，总结经验如下：

(1)模板安装前应安排人员进行打磨，涂油。钢筋骨架安装时，应避免人员直接踩踏到模板上。钢筋安装完毕后，应及时报检，合格后马上安排混凝土施工。避免因模板搁置时间过长模板油挥发和灰尘下落而导致局部粘模现象。

(2)混凝土施工前，主管工程师应对各工序人员进行安排，人员定岗。合理安排各振捣棒的工作位置及工作程序，并注意高频振动器的开启时间及使用方法，确保混凝土施工质量。加强对各作业人员的培训，尤其是龙门吊司机和混凝土工的培训。

(3)加强与混凝土站的联系，减少罐车内拉运数量，避免因混凝土在罐车内时间过长而导致混凝土性能变化，影响施工顺利进行。

(4)合理安排各工序施工，加快各工序的衔接，加快混凝土浇筑速度，控制在4h左右为宜。

(5)浇筑底板及腹板时，为防止腹板出现空洞，应派专人检查腹板处混凝土是否密实，施工中派专人用钢钎插捣确保腹板混凝土特别是波纹管下混凝土密实。

(6)根据波纹管的孔径选择塑料管的型号。混凝土施工中及混凝土施工完毕后，要经常性的对波纹管内塑料管进行抽拉，避免出现混凝土堵塞波纹管。

第 4 章　钢筋保护层质量控制

4.1 概　　况

为提高高速公路建设管理和工程质量水平，促进钢筋保护层施工管理的标准化、科学化和规范化，确保各环节工作到位，质量优良，本章主要结合工程项目的实际情况，介绍了连霍国家高速公路 G30 吐鲁番至小草湖段公路建设工程钢筋保护层质量控制方法及实施情况。

钢筋混凝土结构保护层厚度控制的重要性可从以下几点说明：

1）从力学角度分析

钢筋混凝土结构构件是由钢筋和混凝土组成。从原材料的力学性能而言，钢筋具有较强的抗拉强度，混凝土则具有较高的抗压强度，而其抗拉强度却很低。这种组合发挥了它们各自的优势性能，共同承担结构构件所承受的外部荷载。因此，一般在考虑钢筋混凝土的受力条件时，着重考虑的是混凝土的受压应力和钢筋的受拉应力。而钢筋混凝土结构构件中钢筋的实际受拉应力是否能与设计计算应力相吻合，主要取决于钢筋在结构中的位置是否正确。这也正是我们要求控制钢筋保护层厚度的主要原因。

一般来讲，无论是梁还是板，受拉钢筋总是应尽量靠近受拉一侧混凝土构件的边缘。如挑梁的受力筋应设在构件上部受拉区，如果钢筋保护层厚度过大，轻则由于钢筋不能有效发挥其应有的抗拉作用，而使混凝土受拉应力超标产生裂缝，重则由于悬挑结构上部钢筋所受拉力的力矩高度（h_0）变小，而使钢筋受拉应力超标发生结构断裂。此类事故在建设史上并不少见。再比如，大面积的预制梁板，下排钢筋如果垫得过高，保护层过大，在外加荷载作用下，混凝土下部受拉应力超标，也会产生板底裂缝。

2）从钢筋与混凝土的黏结力分析

钢筋与混凝土之所以能共同工作，是因混凝土硬化并达到一定强度后，两者之间建立了足够的黏结强度，这种相互作用力称为握裹力。钢筋在混凝土中的保护层必须具有一定的厚度，才能保证混凝土与钢筋之间的握裹力。如果钢筋保护层厚度过小，钢筋过分靠近结构构件的边缘，容易造成钢筋露筋或钢筋受力时表面混凝土剥落，直接导致握裹力的减小。另外，钢筋保护层过小，表层混凝土将随着时间的推移而逐渐碳化，边缘钢筋失去保护作用而导致钢筋锈蚀，钢筋与混凝土之间也会失去黏结力，从而使构件的承载力降低，严重时还会导致整个结构体系的破坏。

3）从构件的耐久性分析

保护层的作用除上所述之外，还起着保护钢筋不被锈蚀的作用，以确保钢筋混凝土结构的耐久性。影响钢筋混凝土结构耐久性的因素很多，除了特殊的外界因素以外，在一般使用条件下，主要考虑大气的侵蚀而使钢筋氧化生锈。而混凝土不密实、裂缝、钢筋保护层偏小，再加上混凝土碳化以及钢筋的电化学反应等因素就会加速这种侵蚀过程。钢筋氧化锈蚀又会导致体积膨胀，致使混凝土保护层开裂造成恶性循环，更为加快钢筋锈蚀进程，从而大大缩短建筑物的使用寿命。因此，保证保护层厚度在设计及规范规定范围之内，就能最大程度的保护钢筋免受锈蚀，延缓混凝土碳化深度到达钢筋表面的时间，确保结构的使用年限。

4）从混凝土的防火要求分析

保护层对混凝土内部的钢筋还具有一定的防火功能。当结构发生火灾时，环境温度急剧升高，钢筋与混凝土的热膨胀系数是不同的。当钢筋的膨胀值逐渐大于混凝土的膨胀值时，就会损伤和破坏混凝土与钢筋之间的握裹力；此外，当钢筋温度上升到 700℃时，钢筋屈服强度大幅度降低，就会失去与混凝土共同工作的条件而导致结构破坏。然而，混凝土是不良导热体，它能保护钢筋不会立即受到高温影响，从而延缓结构丧失承载能力的时间。

传统钢筋施工是在预制梁场的预制梁台座边临时固定几根立架，在立架上先安置几根水平钢筋，多人协助跳距安放绑扎一定数量竖向钢筋，这样就组成骨架雏形；然后按底模上标记的设计间距安装绑扎其他竖向钢筋和马蹄钢筋；再绑扎其他水平筋，穿绑梁底水平主筋，最后按图纸绑扎钩筋。但是这种安装工艺费时，对钢筋工人技能熟练程度要求高，普通工人很难准确操作，绑扎的钢筋间距合格率偏低，特别是竖向筋间距偏差较大，还容易发生错、漏钢筋，而且安装钢筋占用预制梁台座时间较长，造成预制台座投入加大，且不能满足施工工期和施工质量要求。

合格的钢筋保护层设置可使受力钢筋外侧的混凝土能够保护钢筋，防止钢筋锈蚀，满足钢筋与混凝土耐久性的要求；同时，由于混凝土内水泥颗粒的水化作用形成了凝胶体同时体积收缩，使混凝土与钢筋表面凹凸不平产生机械咬合力，使钢筋可靠地锚固在混凝土内，有效地发挥钢筋和混凝土共同工作的作用。为进一步规范本项目混凝土结构钢筋保护层厚度控制，根据《混凝土结构设计规范》（GB 50010—2010）、《混凝土结构耐久性设计规范》（GB/T 50476—2008）等规范及实际施工过程中的施工经验，总结了该项目在预制构件和桥涵结构物施工中，钢筋保护层厚度的控制措施及施工要点。

本项目采用定型胎具、卡具，规范钢筋间的距离，使钢筋间距合格率达到 99%，使钢筋保护层厚度合格率稳定在 90% 以上，通过推广应用，使全线钢筋保护层有了较大的提高，具有十分现实的借鉴价值和参考意义。

4.2 箱梁钢筋保护层质量控制案例

4.2.1 工程背景

吐小项目共有大中桥 21 座，均为 30m 或 20m 后张法预应力钢筋混凝土小箱梁，箱梁预制工程作为吐小项目的重点工程，确保箱梁预制工程各项指标满足设计及规范要求是本项目管理的重中之重，按照《公路工程质量检验评定标准》（JTG F80/1—2004）对梁类构件的钢筋保护层误差要求为 ±5mm，在混凝土浇筑振捣过程中钢筋易发生扰动偏位，导致混凝土保护层合格率偏低，根据以往施工经验及检测数据，后张法预应力钢筋混凝土小箱梁钢筋保护层合格率平均值仅为 70.7%。新疆维吾尔自治区交通运输厅根据这一情况在三年“质量年”活动中明确提出要求全疆钢筋保护层及钢筋间距必须达到 85% 以上。吐小项目第 3 标段职工通过实践摸索，经过认真研究分析，总结出来了一套行之有效的施工工艺。使后张法预应力混凝土小箱梁保护层合格率稳定在 90% 以上，通过在全标段的推广应用，使全标段箱梁钢筋保护层有了较大的提高，具有一定的借鉴价值和参考意义。

4.2.2　施工工艺及控制措施

1）钢筋加工安装工艺流程

钢筋加工安装的主要施工工艺如图 4-1 所示。

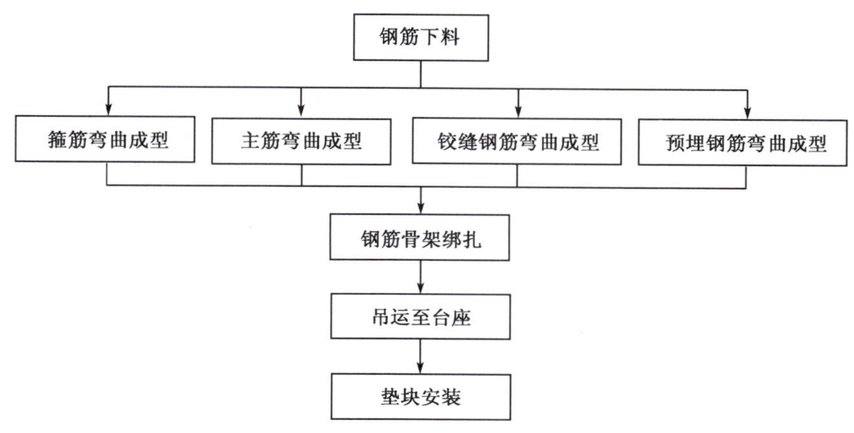

图 4-1　20m 箱梁钢筋加工工艺

2）钢筋制作控制措施

（1）钢筋加工全部采用数控钢筋加工机械进行加工，确保了钢筋下料、加工尺寸的精确，为钢筋骨架绑扎成型后骨架尺寸满足规范及设计要求打下了良好的基础。

（2）根据设计图纸严格计算下料长度及钢筋数量，确保加工成型后各种型号钢筋的尺寸及数量准确。

（3）每种型号钢筋采用专用加工设备，在数控弯曲机上设定好参数后，由专人负责进行批量加工，确保该型号钢筋尺寸统一标准，加工质量稳定可靠。

（4）底板箍筋和腹板箍筋在专用模具上采用电焊连接，确保成型骨架尺寸、角度符合设计要求。

（5）钢筋绑扎安装时制作专用胎膜架，并在专门胎膜架上进行绑扎安装，有效控制了钢筋的间距及整体骨架的规格尺寸。

（6）采用与梁板混凝土同强度混凝土垫块，例如 20m 空心板混凝土设计强度为 C50，采用 C50 强度以上垫块，确保垫块在钢筋自重及混凝土施工荷载作用下不被破坏，保证了梁板各部位强度的统一。

（7）按照设计保护层厚度合理选择混凝土垫块的规格，对不同部位选用合适的混凝土垫块，如箱梁底板主筋净保护层为 42. 5mm，按照规范允许误差在 ± 5mm，既钢筋保护层在 37. 5 ~ 47. 5mm之间均为允许误差范围，选择 40mm 的混凝土垫块为钢筋上浮设置了 9mm 的预留量。

(8)对腹板水平钢筋采用穿心式垫块,确保在振捣过程中垫块的稳定性,不会因垫块倾斜而导致混凝土保护层过大。

4.2.3 胎膜架制作工艺

1)材料选择

选用 50mm×50mm×3mm 国标角钢作为胎膜架主体结构。既满足受力变形的挠度要求,又减轻了结构质量,方便场内移动,节省施工空间。

2)胎膜架设计

(1)设计前准备。

认真分析施工图纸及钢筋安装顺序,严格按照钢筋布置图上的尺寸进行设计。本标段 20m 箱梁钢筋布置如图 4-2 所示。

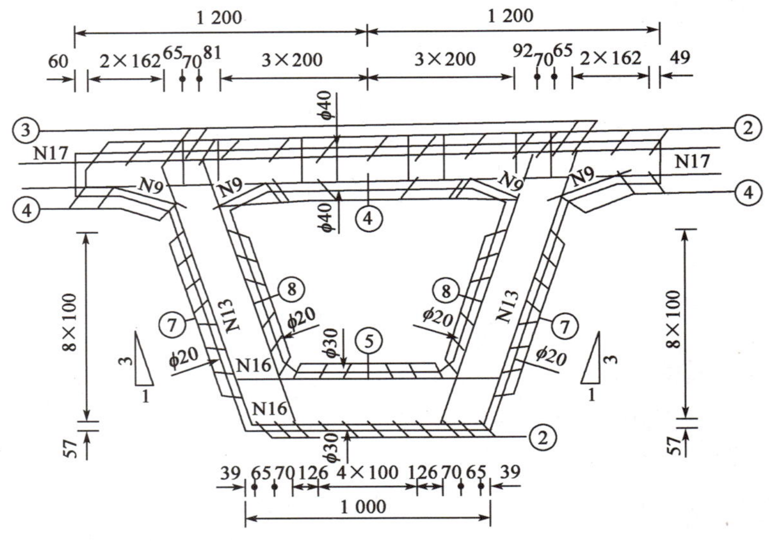

图 4-2 20m 箱梁钢筋布置图(尺寸单位:mm)

(2)钢筋安装顺序。

腹板箍筋就位→安装底板箍筋→安装底层主筋(图 4-2 中 2、5 号钢筋)→安装水平钢筋(图 4-2 中 7、8 号钢筋)→钢筋骨架吊运至台座→安装内膜→安装顶板钢筋(图 4-2 中 2、3、4、N17 号钢筋)。

按照安装顺序及钢筋布置图分析,钢筋安装要点主要为底板主筋的间距控制和底板、腹板箍筋的间距控制。

(3)绘制设计图纸。

按照设计图纸绘制钢筋布置图,并按照钢筋图布置底板主筋间距,控制角钢及侧板箍筋间距以控制角钢。具体样式如图 4-3 所示。

3)胎膜架制作

(1)底板主筋间距控制角钢制作。采用砂轮切割机按照纵向钢筋间距开 U 形槽,槽口深度为 1d,槽口宽度为 d + 3mm(d 为主筋直径)。不得采用火焰切割进行开槽,以免角钢发生变形影响精度。

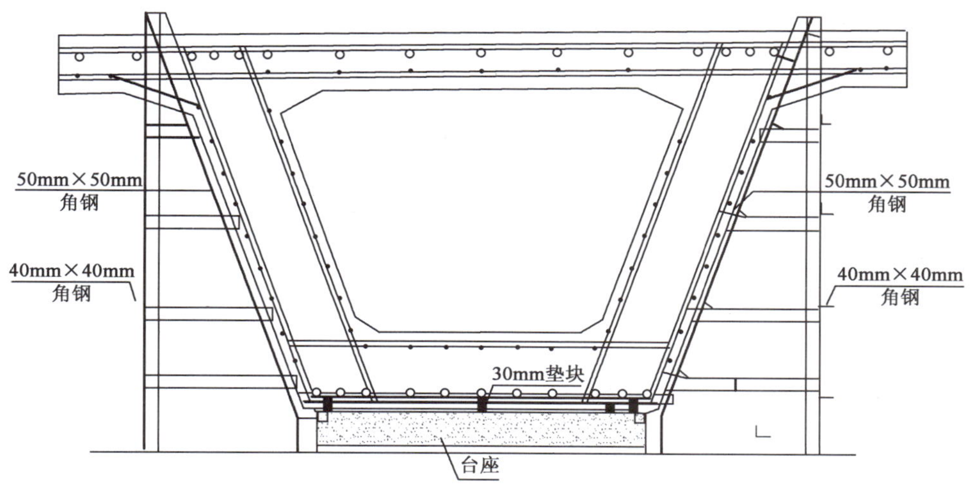

图 4-3　20m 箱梁钢筋骨架绑扎胎膜设计图

(2)箍筋控制角钢制作。采用砂轮切割机按照箍筋间距开 U 形槽,槽口深度为 1d,槽口宽度为 d + 3mm(d 为箍筋直径)。

(3)腹板水平筋间距控制角钢制作。腹板水平筋控制角钢采用砂轮切割机按照水平筋间距开 L 形槽,槽口深度为 1d,坡度按照腹板坡度为 1∶3,成品如图 4-4 所示。

图 4-4　20m 箱梁钢筋骨架绑扎胎膜

4)钢筋骨架吊具制作

采用直径 75mm 钢管作为主骨架,采用 ϕ48mm 钢管作为副骨架形成三角桁架结构,吊钩布置间距为 2m 一道,左右对称布置。具体尺寸如图 4-5 所示。

5)胎膜架的使用方法

(1)按照设计图纸将腹板水平钢筋放入水平钢筋间距控制角钢槽口中,并按 1m 间距穿好穿心垫块，钢筋端头采用靠尺靠齐，前后位置应均匀。

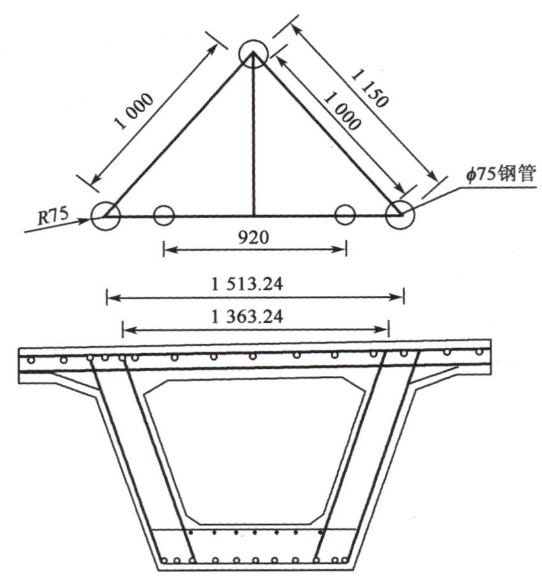

图 4-5　16m 或 20m 钢筋骨架吊具设计图（尺寸单位：mm）

（2）按照图纸设计数量安装腹板箍筋，腹板箍筋放入角钢的槽口中，并采用绑扎丝与腹板水平钢筋固定，按照梅花形交错绑扎。

（3）安装底板箍筋，底板箍筋与腹板箍筋每 2m 采用电焊进行点焊，其余钢筋采用绑扎丝绑扎牢固。

（4）从模架一端穿入底板底层钢筋，并放入底板钢筋控制角钢 U 形槽口内，采用绑扎丝将底板钢筋与底板箍筋绑扎牢固，沿梁长方向每间隔 2m 全断面进行点焊。

（5）安装底板倒角加强钢筋及腹板内侧水平钢筋，采用龙门吊起吊吊具将钢筋骨架吊送至打磨好的预制台座上，每 2m 一个吊点，左右对称设置，吊钩勾住顶板顶层钢筋，吊装前必须进行试吊，确保钢筋骨架不发变形。绑扎后成品如图 4-6 所示，安装过程如图 4-7 所示。

图 4-6　20m 箱梁钢筋成品图

图 4-7　20m 箱梁钢筋模具安装过程图

6)混凝土垫块布置方法

(1)底板主筋混凝土垫块布置。

沿梁长方向每 1m 一个断面布置高强度混凝土垫块 2 个,垫块布置如图 4-8 所示。

(2)腹板混凝土垫块布置。

腹板采用 20mm 混凝土圆形穿心垫块,穿入腹板内外侧水平钢筋,间距 1m。具体布置如图 4-9 所示,成品如图 4-10 所示。

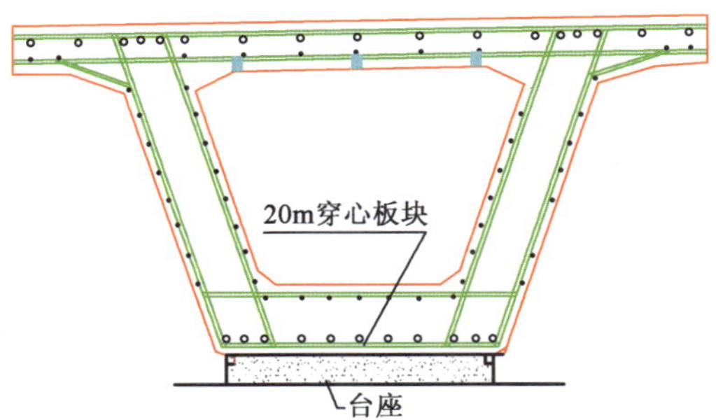

图 4-8　20m 箱梁底板混凝土垫块布置示意图

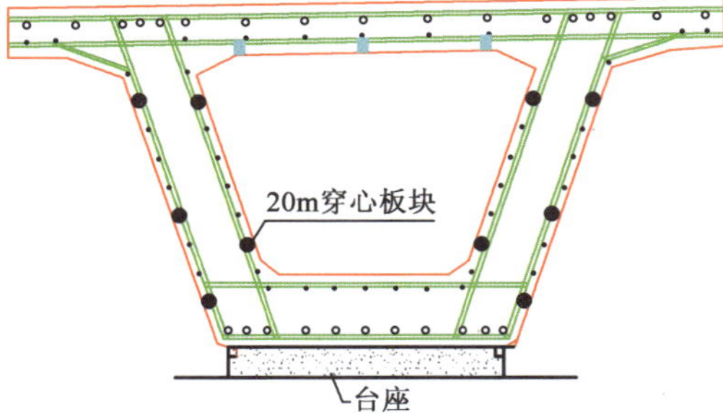

图 4-9　20m 箱梁腹板混凝土垫块布置示意图

4.2.4　使用效果及检测数据

根据以往施工经验及检测数据,后张法预应力钢筋混凝土小箱梁钢筋保护层合格率平均值仅为 70.7%。在指挥部的帮助和指导下,吐小项目第 3 标段职工通过实践摸索,经过认真研究分析,总结出 20m 箱梁钢筋混凝土保护层控制施工工艺,根据图纸,制作了相应的胎具、卡具,使预应力混凝土小箱梁保护层及钢筋间距合格率稳定在 90% 以上。检测结果见表 4-1、表 4-2。

图 4-10　20m 箱梁混凝土垫块布置成品图

20m 箱梁钢筋保护层厚度检测表　　表 4-1

<table>
<tr><th>钢筋直径</th><th colspan="5">钢筋保护层厚度（mm）</th><th>设计值（mm）</th><th>允许偏差（mm）</th><th>检测点数</th><th>合格点数</th><th>合格率</th></tr>
<tr><td rowspan="8">φ8</td><td>20</td><td>20</td><td>26</td><td>24</td><td>19</td><td rowspan="8">24</td><td rowspan="8">±5</td><td rowspan="8">40</td><td rowspan="8">39</td><td rowspan="8">97.5%</td></tr>
<tr><td>23</td><td>19</td><td>20</td><td>26</td><td>19</td></tr>
<tr><td>23</td><td>19</td><td>22</td><td>20</td><td>21</td></tr>
<tr><td>24</td><td>21</td><td>27</td><td>25</td><td>22</td></tr>
<tr><td>24</td><td>23</td><td>29</td><td>25</td><td>23</td></tr>
<tr><td>21</td><td>23</td><td>30</td><td>20</td><td>25</td></tr>
<tr><td>22</td><td>25</td><td>28</td><td>24</td><td>22</td></tr>
<tr><td>20</td><td>22</td><td>23</td><td>30</td><td>22</td></tr>
</table>

20m 箱梁钢筋间距检测表　　表 4-2

<table>
<tr><th>钢筋直径</th><th colspan="5">钢筋保护层厚度（mm）</th><th>设计值（mm）</th><th>允许偏差（mm）</th><th>检测点数</th><th>合格点数</th><th>合格率</th></tr>
<tr><td rowspan="7">φ8</td><td>97</td><td>93</td><td>94</td><td>96</td><td>104</td><td rowspan="7">100</td><td rowspan="7">±10</td><td rowspan="7">35</td><td rowspan="7">35</td><td rowspan="7">100%</td></tr>
<tr><td>97</td><td>96</td><td>95</td><td>95</td><td>97</td></tr>
<tr><td>98</td><td>105</td><td>97</td><td>94</td><td>93</td></tr>
<tr><td>93</td><td>102</td><td>99</td><td>96</td><td>94</td></tr>
<tr><td>104</td><td>97</td><td>101</td><td>103</td><td>96</td></tr>
<tr><td>105</td><td>106</td><td>102</td><td>94</td><td>100</td></tr>
<tr><td>107</td><td>105</td><td>106</td><td>107</td><td>103</td></tr>
</table>

4.3　16m 空心板钢筋保护层质量控制案例

4.3.1　工程背景

吐小项目第 3 标段共有中桥 10 座，其上部结构均为 16m 后张法预应力混凝土空心板梁，共计 520 片，确保空心板梁预制工程各项指标满足设计及规范要求是本项目管理的重中之重，按照《公路工程质量检验评定标准》(JTG F80/1—2004)对梁类构件的钢筋保护层误差要求为 ±5mm，在混凝土浇筑振捣过程中钢筋易发生扰动偏位，导致混凝土保护层合格率偏低。根据以往施工经验及检测数据，16m 后张法预应力混凝土空心板梁钢筋保护层合格率平均值仅为 72.4%。新疆维吾尔自治区交通运输厅根据这一情况在三年"质量年"活动中明确提出要求全疆钢筋保护层及钢筋间距必须达到 85% 以上。为了达到上述要求，项目组成员总结出一套 16m 空心板钢筋保护层质量控制施工工艺，并取得了良好效果。

4.3.2　16m 空心板钢筋保护层施工工艺及控制措施

1)钢筋加工安装工艺流程

钢筋加工安装的主要施工工艺参考 20m 箱梁钢筋加工工艺。

2)钢筋制作控制措施

(1)钢筋全部采用数控钢筋加工机械进行加工，确保了钢筋下料、加工尺寸的精确，为钢筋骨架绑扎成型后骨架尺寸满足规范及设计要求打下了良好的基础。

(2)根据设计图纸严格计算下料长度及钢筋数量，确保加工成型后各种型号钢筋的尺寸及数量准确。

(3)每种型号钢筋采用专用加工设备，在数控弯曲机上设定好参数后，由专人负责进行批量加工，确保该型号钢筋尺寸统一标准，加工质量稳定可靠。

(4)底板箍筋和腹板箍筋在专用模具上采用电焊连接，确保成型骨架尺寸、角度符合设计要求。

(5)钢筋绑扎安装时制作专用胎膜架，并在专用胎膜架上进行绑扎安装，有效控制了钢筋的间距及整体骨架的规格尺寸。

(6)采用与梁板混凝土同强度混凝土垫块，例如 16m 空心板混凝土设计强度为 C50，采用 C50 以上强度垫块，确保垫块在钢筋自重及混凝土施工荷载作用下不被破坏，保证了梁板各部位强度的统一。

(7)按照设计保护层厚度合理选择混凝土垫块的规格，对不同部位选用合适的混凝土垫块，该项目 16m 空心板主筋净保护层为 42.5mm，按照规范允许误差为 ±5mm，即钢筋保护层在 37.5 ~ 47.5mm 之间均在允许误差范围内，选择 40mm 的混凝土垫块为钢筋上浮设置了 9mm 的预留量。

4.3.3 胎膜架制作工艺

1)材料选择

选用 50mm×50mm×3mm 国标角钢作为胎膜架主体结构。既满足受力变形的挠度要求,又减轻了结构质量,方便场内移动,节省施工空间。

2)胎膜架设计

(1)设计前准备。

认真分析施工图纸及钢筋安装顺序,严格按照钢筋布置图上的尺寸进行设计。本标段 16m 空心板梁钢筋布置如图 4-11 所示。

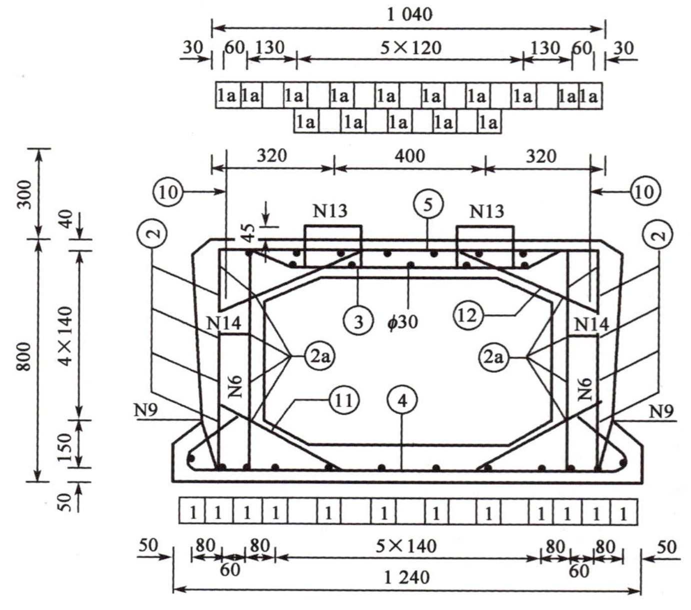

图 4-11　16m 空心板梁钢筋布置图(尺寸单位:mm)

(2)钢筋安装顺序。

腹板箍筋就位→安装底板钢筋→安装底层主筋(图 4-11 中 1 号钢筋)→安装水平钢筋(图 4-11中 2、2a 号钢筋)→安装底层倒角钢筋→钢筋骨架吊运至台座→安装内膜→安装顶板钢筋(图 4-11 中 3、5、12 号钢筋)→安装预埋钢筋(图 4-11 中 10、N13 号钢筋)。按照安装顺序及钢筋布置图分析,钢筋安装要点主要为底板主筋的间距控制和底板、腹板箍筋的间距控制。

(3)绘制设计图纸。

按照设计图纸绘制钢筋布置图,并按照钢筋图布置底板主筋间距,控制角钢及侧板箍筋间距以控制角钢。具体样式如图 4-12 所示。

3)胎膜架制作

(1)底板主筋间距控制角钢制作。采用砂轮切割机按照纵向钢筋间距开 U 形槽,槽口深度为 1d,槽口宽度为 d+3mm(d 为主筋直径)。不得采用火焰切割进行开槽,以免角钢发生变形影响精度。

（2）腹板箍筋间距控制角钢制作。采用砂轮切割机按照箍筋间距开 U 形槽，槽口深度为 $1d$，槽口宽度为 $d+3$mm（d 为箍筋直径）。

（3）腹板水平筋间距控制角钢制作。采用 40mm×40mm×3mm 角钢制作腹板水平筋控制角钢，采用砂轮切割机按照水平筋间距开 U 形槽，槽口深度为 $1d$（d 为钢筋直径），槽口宽度为 $d+3$mm。

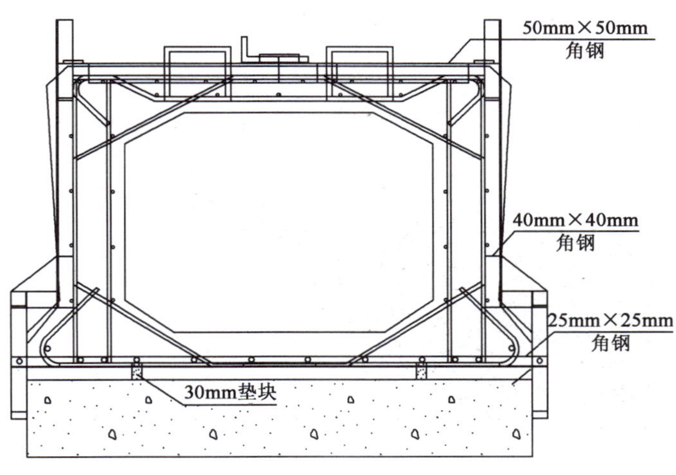

图 4-12　16m 空心板梁钢筋骨架绑扎胎膜示意图

4）钢筋骨架吊具制作

采用直径 75mm 钢管作为主骨架，采用 ϕ48mm 钢管作为副骨架形成三角桁架结构，吊钩布置间距为 2m 一道，左右对称布置。具体尺寸如图 4-13 所示。

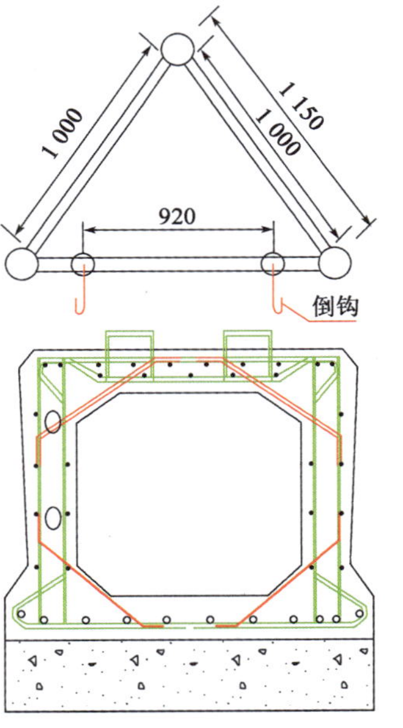

图 4-13　16m 空心板梁钢筋骨架吊具示意图（尺寸单位：mm）

5）胎膜架的使用方法

（1）按照设计图纸将腹板水平钢筋放入水平钢筋间距控制角钢槽口中，钢筋端头采用靠尺靠齐，前后位置应均匀。

（2）按照图纸设计数量安装腹板箍筋，腹板箍筋放入角钢的槽口中，并采用绑扎丝与腹板水平钢筋固定，按照梅花形交错绑扎。

（3）安装底板箍筋，底板箍筋与腹板箍筋每 2m 采用电焊进行点焊，其余钢筋采用绑扎丝绑扎牢固。

（4）从模架一端穿入底板底层钢筋，并放入底板钢筋控制角钢 U 形槽口内，采用绑扎丝将底板钢筋与底板箍筋绑扎牢固，沿梁长方向每间隔 2m 全断面进行点焊。

（5）安装底板倒角加强钢筋及腹板内侧水平钢筋，采用龙门吊起吊吊具将钢筋骨架吊送至打磨好的预制台座上，每 2m

一个吊点，左右对称设置，吊钩勾住顶板顶层钢筋，吊装前必须进行试吊，确保钢筋骨架不发变形。

(6)安装内模，按照钢筋图纸设置顶板钢筋，并安装预埋钢筋，预埋钢筋采用电焊点焊连接。绑扎成品如图 4-14 所示。

图 4-14　16m 空心板梁钢筋绑扎成品图

6)混凝土垫块布置方法

底板主筋混凝土垫块布置，沿梁长方向每 1m 一个断面布置高强度混凝土垫块 2 个，垫块布置如图 4-15 所示。

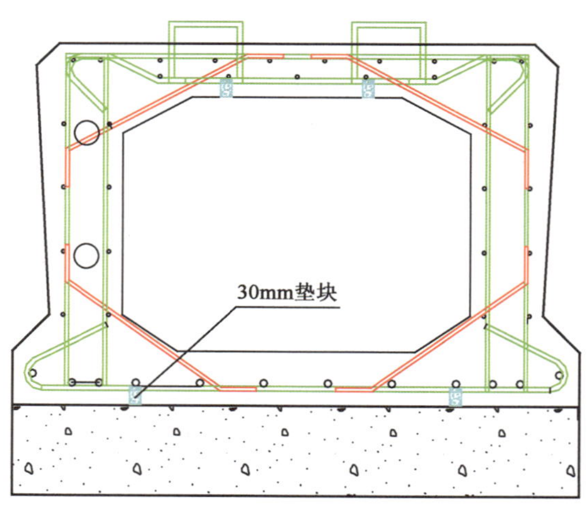

图 4-15　16m 空心板梁钢筋混凝土垫块布置示意图

4.3.4　使用效果及检测数据

根据以往施工经验及检测数据，16m 后张法预应力混凝土空心板梁钢筋保护层合格率平均值仅为 72.4%。在指挥部的帮助和指导下，吐小项目第 3 标段职工通过实践摸索，经过认真研究分析，总结出 16m 空心板钢筋混凝土保护层控制施工工艺，根据图纸，制作了相应的胎具、卡具，使后张法预应力混凝土空心板梁保护层及钢筋间距合格率稳定在 90% 以上。检测结果见表 4-3、表 4-4。

16m 空心板钢筋保护层厚度检测表　　表 4-3

钢筋直径	钢筋保护层厚度（mm）					设计值（mm）	允许偏差（mm）	检测点数	合格点数	合格率
$\phi16$	48	47	47	46	46	50	±5	55	51	93%
	57	48	49	47	47					
	50	47	49	49	48					
	47	52	47	57	50					
	49	48	50	54	52					
	48	48	48	54	53					
	51	49	54	56	46					
	53	52	49	52	47					
	49	51	46	47	46					
	48	47	43	47	52					
	46	48	48	47	49					

16m 空心板钢筋间距检测表　　表 4-4

钢筋直径	钢筋保护层厚度（mm）					设计值（mm）	允许偏差（mm）	检测点数	合格点数	合格率
$\phi8$	156	145	143	147	148	150	±10	55	53	96.4%
	135	147	152	156	155					
	160	143	151	155	157					
	155	135	153	145	147					
	140	140	155	157	156					
	140	141	156	141	155					
	158	143	143	145	148					
	153	151	153	144	140					
	142	147	154	148	145					
	156	148	144	146	146					
	148	155	146	153	155					

4.4 8m空心板钢筋保护层质量控制案例

4.4.1 工程背景

吐小项目第3标段桥涵构造物较多,其中大多数为8m小桥,小桥数量占全线构造物的45%,且多为2~8m及3~8m钢筋混凝土装配式空心板桥,8m钢筋混凝土空心板预制数量多达1 780片,数量为各合同段之首。按照《公路工程质量检验评定标准》(JTG F80/1—2004)对板类构件的钢筋保护层误差要求为±3mm,在混凝土浇筑振捣过程中钢筋易发生扰动偏位,导致混凝土保护层合格率偏低,根据以往施工经验及检测数据,8m钢筋混凝土空心板钢筋保护层合格率平均值仅为73.5%。吐小项目第3标段职工通过实践摸索,经过认真研究分析,总结出来了一套行之有效的施工工艺。使8m钢筋混凝土空心板保护层合格率稳定在90%以上,通过在全标段的推广应用,使全标段8m板钢筋保护层有了较大的提高,具有一定的借鉴价值和参考意义。

4.4.2 施工工艺及控制措施

1)钢筋加工安装工艺流程

钢筋加工安装的主要施工工艺如图4-16所示。

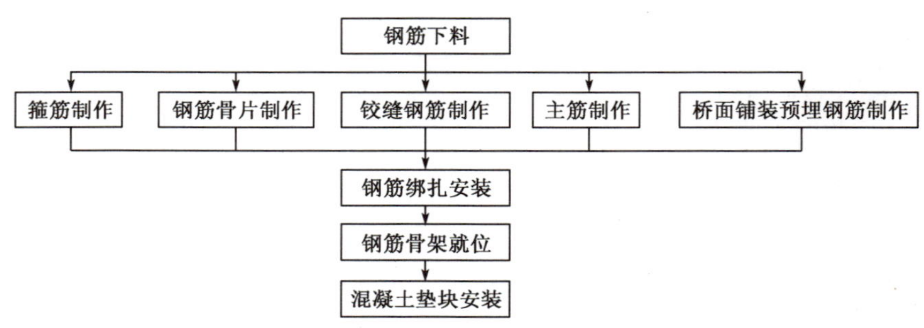

图4-16 8m空心板钢筋加工工艺

2)钢筋制作控制措施

(1)钢筋加工全部采用数控钢筋加工机械进行加工,确保了钢筋下料、加工尺寸的精确,为钢筋骨架绑扎成型后骨架尺寸满足规范及设计要求打下了良好的基础。

(2)根据设计图纸严格计算下料长度及钢筋数量,确保加工成型后各种型号钢筋的尺寸及数量准确。

(3)每种型号钢筋采用专用加工设备,在数控弯曲机上设定好参数后,由专人负责进行批量加工,确保该型号钢筋尺寸统一标准,加工质量稳定可靠。

(4)设计制作专用胎膜架进行钢筋骨片的焊接,有效控制骨架焊接变形,保证成型骨架尺寸统一。

(5)钢筋绑扎安装时制作专用胎膜架,并在专门胎膜架上进行绑扎安装,有效控制了钢筋的间距及整体骨架的规格尺寸。

(6)采用与梁板混凝土同强度混凝土垫块,例如8m空心板混凝土设计强度为C40,本标段采用C40强度以上垫块,确保垫块在钢筋自重及混凝土施工荷载作用下不被破坏,保证了梁板各部位强度的统一。

(7)按照设计保护层厚度合理选择混凝土垫块的规格,由于钢筋骨架在混凝土浇筑过程中会产生轻微上浮,可选择比设计规格稍小一号的混凝土垫块,如本项目8m板主筋净保护层为42.5mm,按照规范允许误差为±3mm,即钢筋保护层在39.5~45.5mm之间均在允许误差范围,选择40mm的混凝土垫块为钢筋上浮设置了5mm的预留量。

4.4.3 胎膜架制作工艺

1)材料选择

选用50mm×50mm×3mm国标角钢作为胎膜架主体结构。既满足受力变形的挠度要求,又减轻了结构质量,方便场内移动,节省施工空间。

2)胎膜架设计

(1)设计前准备。

认真分析施工图纸及钢筋安装顺序,严格按照钢筋布置图上的尺寸进行设计。本标段8m钢筋混凝土空心板钢筋布置如图4-17所示。

(2)钢筋安装顺序。

骨架片就位→安装箍筋→安装底层主筋→安装架立筋(图4-17中8号钢筋)→安装铰缝钢筋(图4-17中N10钢筋)→安装预埋钢筋(图4-17中N9,11号钢筋)。按照安装顺序及钢筋布置图分析,钢筋安装要点主要为主筋、箍筋的间距控制。工人绑扎现场如图4-18所示。

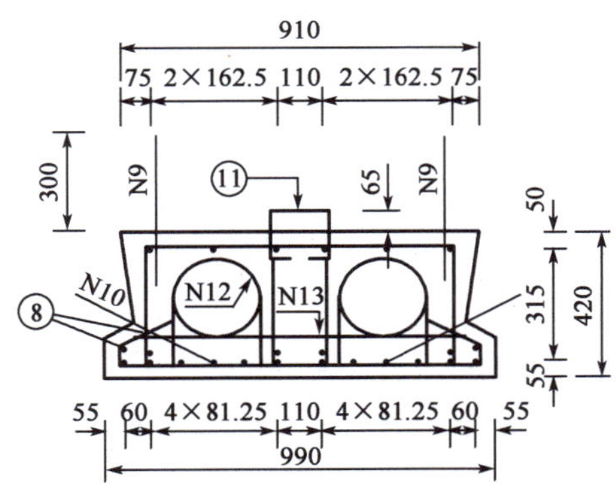

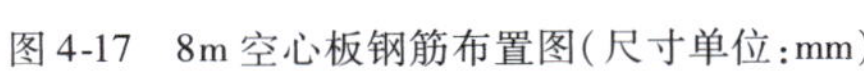
图4-17 8m空心板钢筋布置图(尺寸单位:mm)

图4-18 工人绑扎钢筋

(3)绘制设计图纸。

按照设计图纸绘制钢筋布置图并按照钢筋图布置底板主筋间距,控制角钢及侧板箍筋间距以控制角钢。具体样式如图4-19所示。

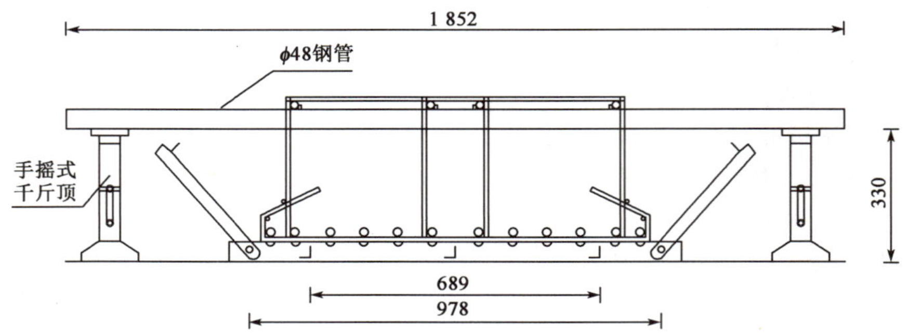

图 4-19　8m 空心板钢筋骨架胎膜示意图(尺寸单位:mm)

3)胎膜架制作

(1)纵向钢筋间距控制角钢制作。

采用砂轮切割机按照纵向钢筋间距开 U 形槽,槽口深度为 1d,槽口宽度为 d + 3mm(d 为主筋直径)。不得采用火焰切割进行开槽,以免角钢发生变形影响精度。

(2)箍筋控制角钢制作。

采用砂轮切割机按照箍筋间距开 U 形槽,槽口深度为 1d,槽口宽度为 d + 3mm(d 为箍筋直径)。

(3)升降横梁。

在 1/4 跨径处设置一道升降横梁,升降横梁采用 ϕ48 钢管制作,按照架力钢筋间距点焊 2cm 高 ϕ14 圆钢。控制架力钢筋间距,并设置 4 个手摇式千斤顶作为升降骨架设备。

(4)连杆制作。

沿梁长方向每 2m 设置 1 道连杆,连杆与纵向钢筋间距控制角钢之间采用 ϕ10 销钉进行交接,方便转动。

4)胎膜架的使用方法

(1)按照设计图纸将焊接好的骨架片放入胎膜架对应的槽口中,升降横梁穿入骨片,并摇动千斤顶将骨片升高,离开纵筋控制角钢一定距离,骨片底部距槽口距离以方便箍筋穿入为准,约为 10cm。布置方式如图 4-20 所示。

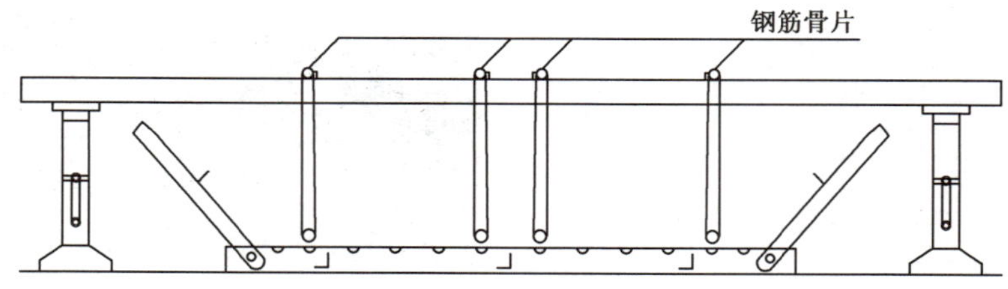

图 4-20　8m 空心板钢筋骨架胎膜架示意图

(2)按照图纸设计数量穿入箍筋,首先按照 1/2 梁的箍筋数量从一端穿入,在骨架端头底部垫 10cm 方木,落下该端千斤顶移动箍筋至设计位置,升高千斤顶去除下垫方木,安装两端箍筋。布置方式如图 4-21 所示。

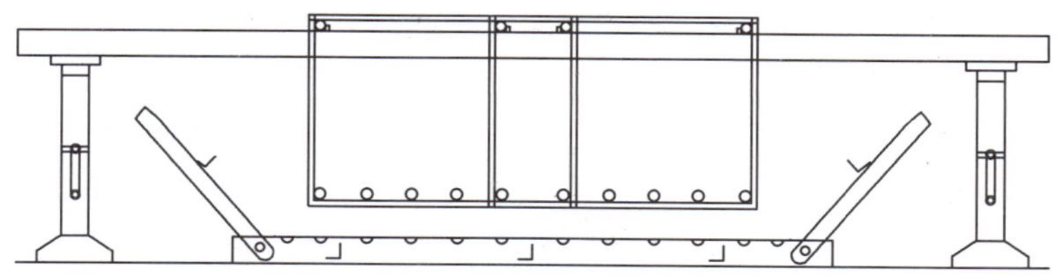

图 4-21　8m 空心板钢筋骨架胎膜使用示意图

(3)落下千斤顶,合上连杆角钢,并将箍筋控制角钢与箍筋绑扎牢靠。调整箍筋位置,使每根箍筋刚好可以卡入箍筋控制角钢的槽口。每间隔 1m 沿箍筋走向采用电焊机将箍筋与主筋骨架片进行点焊,其余箍筋采用绑扎丝固定。并安装纵向主筋,用绑扎丝固定牢靠(图 4-22、图 4-23)。

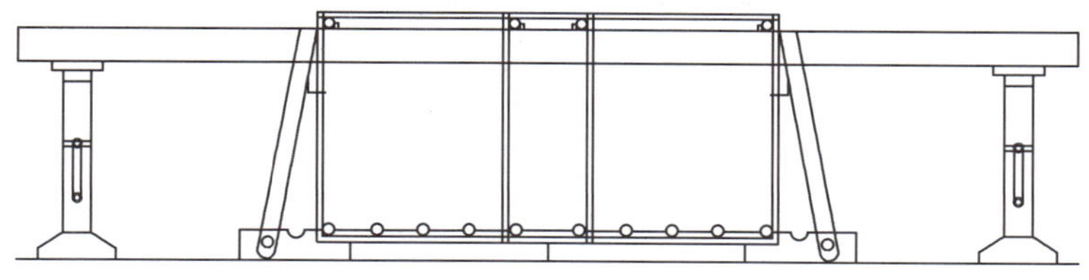

图 4-22　8m 空心板钢筋骨架胎膜使用示意图

图 4-23　8m 空心板梁钢筋安装

(4)打开连杆角钢,安装其余附属钢筋,使骨架整体成型,采用吊装设备吊运至预制台座,如图 4-24、图 4-25 所示。

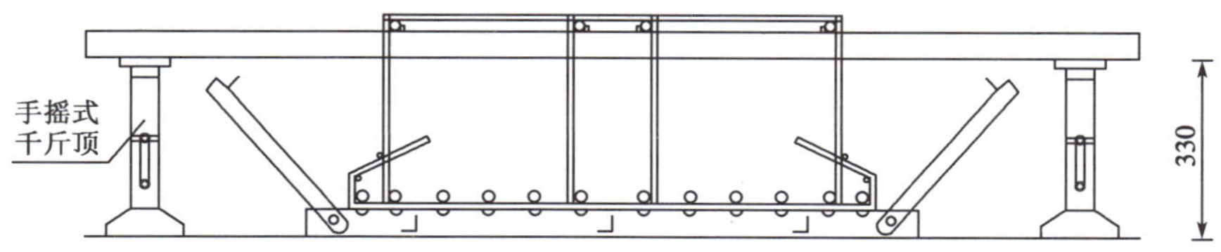

图 4-24　8m 空心板钢筋骨架胎膜使用示意图(尺寸单位:mm)

图 4-25　8m 空心板梁钢筋安装

5)混凝土垫块布置方法

沿横梁长方向每 1m 一个断面布置高强度混凝土垫块 2 个,垫块布置如图 4-26、图 4-27 所示。

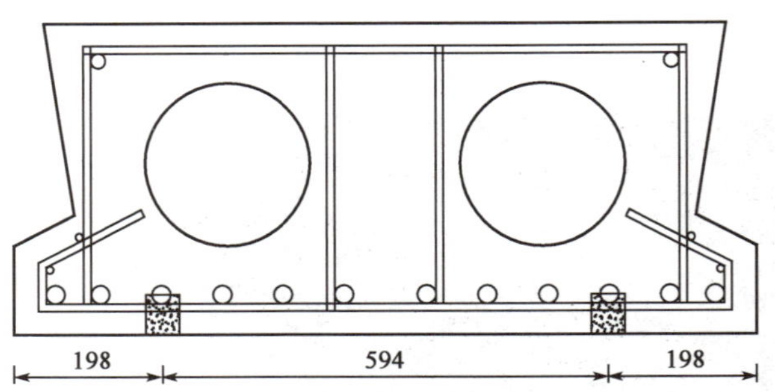

图 4-26　8m 空心板混凝土垫块侧面布置图(尺寸单位:mm)

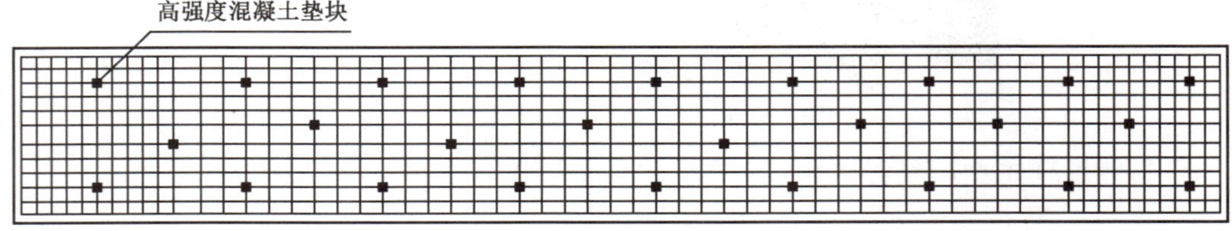

图 4-27　混凝土垫块平面布置图

4.4.4　使用效果及检测数据

根据以往施工经验及检测数据,8m 钢筋混凝土空心板钢筋保护层合格率平均值仅为 73.5%。采用本项目员工总结出来的 8m 钢筋混凝土保护层质量控制技术后的检测结果见表 4-5、表 4-6。

8m 空心板梁钢筋保护层厚度检测表　表 4-5

钢筋直径	钢筋保护层厚度（mm）					设计值（mm）	允许偏差（mm）	检测点数	合格点数	合格率
ϕ25	41	40	42	44	45	42	±3	55	50	91%
	42	30	45	41	45					
	43	42	48	43	44					
	42	42	48	44	42					
	43	41	52	43	42					
	45	45	45	42	45					
	45	45	44	40	45					
	44	44	45	44	45					
	45	45	42	44	47					
	44	45	45	41	44					
	45	45	45	43	44					

8m 空心板梁钢筋间距检测表　表 4-6

钢筋直径	钢筋保护层厚度（mm）					设计值（mm）	允许偏差（mm）	检测点数	合格点数	合格率
ϕ25	60	60	65	60	65		±10	55	50	91%
	74	87	79	75	75					
	76	79	87	70	84					
	88	76	80	65	82					
	87	72	80	82	80					
	110	114	110	110	115					
	76	65	75	70	76					
	85	90	85	85	82					
	79	81	70	79	84					
	80	76	80	67	78					
	60	70	60	64	55					

4.5　3m 涵洞盖板钢筋保护层质量控制案例

4.5.1　工程背景

吐小项目第 4 标段设计桥涵构造物较多，其中大多数为 3m 涵洞，涵洞盖板预制数量为 992 块。按照《公路工程质量检验评定标准》（JTG F80/1—2004）对板类构件的钢筋保护层误

差要求为 ±3mm，在混凝土浇筑振捣过程中钢筋易发生扰动偏位，导致混凝土保护层合格率偏低。但采用本项目总结出的钢筋保护层质量控制技术后，使 3m 钢筋混凝土盖板保护层合格率稳定在 90% 以上，通过在全标段的推广应用，使全标段 3m 涵洞盖板钢筋保护层有了较大的提高，具有一定的借鉴价值和参考意义。

4.5.2 施工工艺及控制措施

1）钢筋加工安装工艺流程

钢筋加工安装的主要施工工艺如图 4-28 所示。

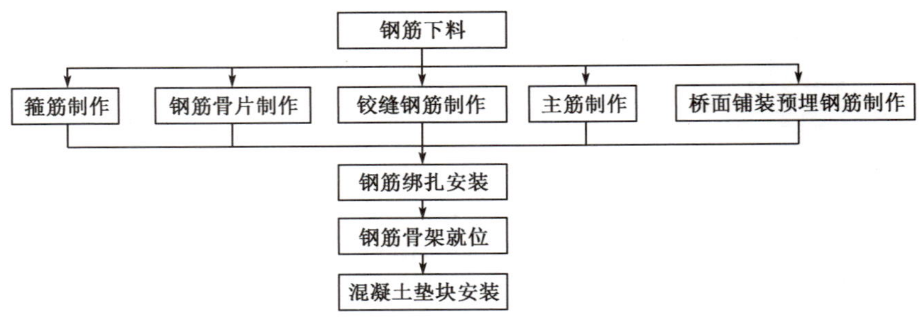

图 4-28 3m 涵洞盖板钢筋加工工艺

2）钢筋制作控制措施

（1）钢筋加工全部采用数控钢筋加工机械进行加工，确保了钢筋下料、加工尺寸的精确，为钢筋骨架绑扎成型后骨架尺寸满足规范及设计要求打下了良好的基础。

（2）根据设计图纸严格计算下料长度及钢筋数量，确保加工成型后各种型号钢筋的尺寸及数量准确。

（3）每种型号钢筋采用专用加工设备，在数控弯曲机上设定好参数后，由专人负责进行批量加工，确保该型号钢筋尺寸统一标准，加工质量稳定可靠。

（4）设计制作专用胎膜架进行钢筋骨片的焊接，有效控制骨架焊接变形，保证成型骨架尺寸统一。

（5）钢筋绑扎安装时制作专用胎膜架，并在专门胎膜架上进行绑扎安装，有效控制了钢筋的间距及整体骨架的规格尺寸。

（6）采用与梁板混凝土同强度混凝土垫块，例如 3m 涵洞盖板混凝土设计强度为 C40，采用 C40 强度以上垫块，确保垫块在钢筋自重及混凝土施工荷载作用下不被破坏，保证了梁板各部位强度的统一。

（7）按照设计保护层厚度合理选择混凝土垫块的规格，由于钢筋骨架在混凝土浇筑过程中会产生轻微上浮，可选择比设计规格稍小一号的混凝土垫块，如 3m 涵洞盖板主筋净保护层要求不低于 40mm，按照规范允许误差为 ±3mm，即钢筋保护层在 37 ~ 43mm 之间，均符合设计及规范要求，选择 40mm 的混凝土垫块为钢筋上浮设置了 3mm 的预留量。

3)胎膜架制作材料

选用 50mm × 50mm × 3mm 国标角钢作为胎膜架主体结构。既满足受力变形的挠度要求，又减轻了结构质量，方便场内移动，节省施工空间。

4)胎膜架制作

(1)纵向钢筋间距控制角钢制作。

采用砂轮切割机按照纵向钢筋间距开 U 形槽，槽口深度为 $1d$，槽口宽度为 $d+3$mm(d 为主筋直径)。不得采用火焰切割进行开槽，以免角钢发生变形影响精度。

(2)箍筋控制角钢制作。

采用砂轮切割机按照箍筋间距开 U 形槽，槽口深度为 $1d$，槽口宽度为 $d+3$mm(d 为箍筋直径)。胎膜成品如图 4-29 所示。

5)钢筋安装顺序

安装箍筋→安装主筋→安装面筋(图 4-30 中 N6 钢筋)→安装铰缝钢筋(图 4-30 中 N8 钢筋)→安装预埋钢筋。

按照安装顺序及钢筋布置图分析，钢筋安装要点主要为主筋和箍筋的间距控制。3m 涵洞盖板钢筋绑扎成品如图 4-31 所示。

图 4-29　3m 涵洞盖板钢筋绑扎胎膜成品

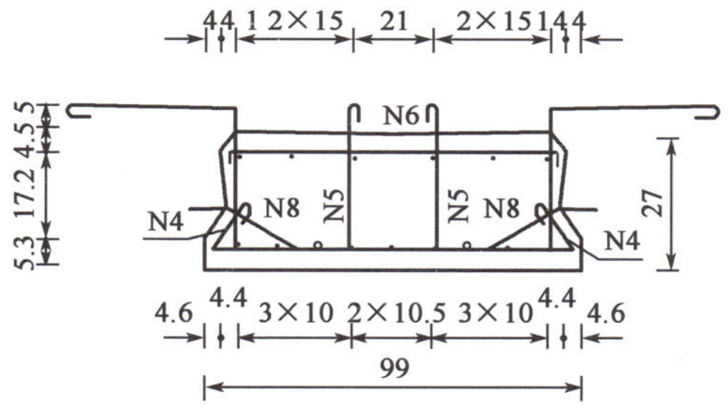

图 4-30　3m 涵洞盖板钢筋结构设计图(尺寸单位：mm)

图 4-31　3m 涵洞盖板钢筋绑扎成品

6)混凝土垫块布置方法

沿横梁长方向每1m一个断面间错布置高强度混凝土垫块2～3个,垫块布置如图4-32、图4-33所示。

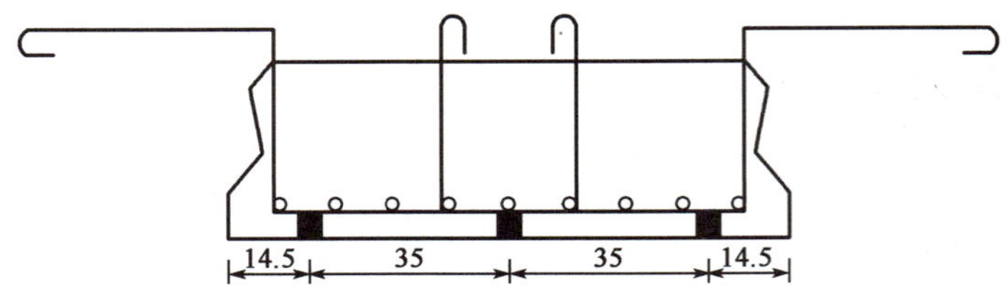

图4-32　3m涵洞盖板混凝土垫块立面布置示意图(尺寸单位:mm)

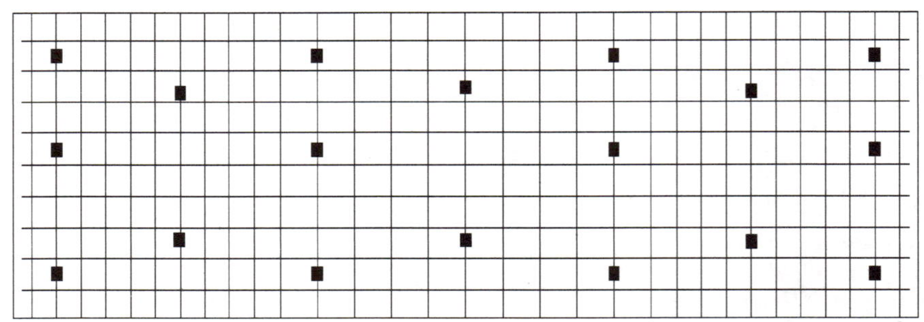

图4-33　3m涵洞盖板混凝土垫块平面布置示意图

4.5.3　使用效果及检测数据

根据以往施工经验及检测数据,3m涵洞盖板钢筋保护层合格率平均值仅为76.5%。在指挥部的帮助和指导下,吐小项目第4标段职工通过实践摸索,经过认真研究分析,总结出3m涵洞盖板钢筋混凝土保护层控制施工工艺,根据图纸制作了相应的胎具、卡具,使3m涵洞盖板钢筋混凝土保护层及钢筋间距合格率稳定在90%以上。不同部位的检测数据分别见表4-7、表4-8。

3m涵洞盖板钢筋保护层厚度检测表(部位1)　　表4-7

钢筋直径	钢筋保护层厚度(mm)					设计值(mm)	允许偏差(mm)	检测点数	合格点数	合格率
ϕ25	41	44	42	42	41	42	±3	45	43	95.5%
	43	43	40	39	43					
	45	44	41	43	41					
	44	44	43	44	45					
	43	43	41	44	43					
	41	42	44	42	49					
	40	44	41	44	45					

续上表

钢筋直径	钢筋保护层厚度（mm）					设计值（mm）	允许偏差（mm）	检测点数	合格点数	合格率
ϕ25	42	45	41	38	44	42	±3	45	43	95.5%
	44	41	41	40	43					

3m 涵洞盖板钢筋保护层厚度检测表（部位 2）　　表 4-8

钢筋直径	钢筋保护层厚度（mm）					设计值（mm）	允许偏差（mm）	检测点数	合格点数	合格率
ϕ25	101	105	104	102	95	105	±10	40	39	97.5%
	100	100	98	100	102					
	100	98	104	105	102					
	118	112	100	98	100					
	108	102	107	107	99					
	102	100	100	105	105					
	100	105	105	100	98					
	107	102	102	102	100					

4.6　桥墩立柱钢筋保护层质量控制方案

4.6.1　工程背景

本项目桥梁下部结构采用钢筋混凝土，在钢筋混凝土构件中混凝土一方面与钢筋共同参与受力，同时保护钢筋免受外界侵蚀。但由于混凝土自身逐渐风化的特性，混凝土表层会随时间逐渐失去自身密实的水泥石结构，变得疏松，甚至出现裂隙。如果钢筋的保护层不足会影响构件的耐久性，严重的甚至使构件过早失效。根据以往施工经验，圆柱墩的保护层合格率一直偏低，一般只有 40% 左右，尤其 8 ~ 15m 高的墩柱中部保护层厚度合格率最低。新疆维吾尔自治区交通运输厅根据这一情况在三年“质量年”活动中明确提出，要求钢筋保护层厚度及钢筋间距合格率必须达到 85% 以上。吐小项目第 3 标段职工通过实践摸索，经过认真研究分析，总结出了一套行之有效的施工工艺。使桥墩立柱钢筋混凝土的钢筋保护层厚度合格率稳定在 90% 以上，通过在全标段的推广应用，使全标段桥墩立柱钢筋保护层质量有了较大的提高，具有一定的借鉴价值和参考意义。

4.6.2　墩柱钢筋加工安装

一般墩柱竖向受力主筋应按照一定间距焊接固定到环向骨架钢筋上，并在主筋外侧按照一定间距盘绕螺旋形箍筋。因此，控制墩柱钢筋笼的几何尺寸关键在于控制环向骨架钢筋的几何尺寸。经观察发现,现场加工工人很难准确把握环形骨架钢筋的半径,图纸一般只提供环形骨架钢筋中心轴线半径,无法直接用于生产控制。经过多次数据测算调整,发现加工环形骨架筋的圆柱形构件半径=环形骨架半径-环形骨架筋钢筋半径-(4~6)mm时效果最好。环形骨架钢筋半径为8~10mm时取用半径为4mm的圆柱形构件,11~12.5mm时取用半径5mm的圆柱形构件,大于12.5mm时取用半径6mm的圆柱形构件。

钢筋骨架整体刚度通过加强主筋与环形骨架筋焊接及主筋与外部螺旋形箍筋固定来实现。在钢筋加工、安装现场发现,对于钢筋笼整体的刚度而言,主筋与螺旋形箍筋的固接尤为重要,在主筋与螺旋形箍筋交叉点采用点焊或铁丝梅花形固定,即间隔一个交叉点固定。另外螺旋形箍筋使用前应先调直,在半径相近的圆形构件上弯曲成相近环形半径备用,以保证螺旋形箍筋与主筋密贴。

钢筋安装定位应先确定中心点,按照图纸设计半径±5mm在现场用墨线标出,钢筋安装时只有全部主筋都落在墨线形成的环内才可固定,固定后完成钢筋的安装工作。

4.6.3 墩柱模板加工

墩柱定型钢模板应在模板设计、加工制作过程中控制模板的几何尺寸。模板设计一方面应保证构件的几何尺寸,同时应考虑模板的周转次数,并进行相应的刚度设计。定型钢模板在起吊、运输、使用时需要考虑模板的承载情况,以确保使用过程中模板不变形。

模板加工需要设计相应的胎模,并在胎模上进行预拼装。各项数据指标经检查合格后用电焊固定。电焊焊接过程中一定要考虑电焊温度变化在模板内部形成的内应力,防止模板从胎模上落架后由于自身内应力过大逐步变形。可根据模板刚度决定一次施焊长度,一般控制在2cm左右,并且应实施跳焊,分散模板内部的温度应力,避免应力集中。

4.6.4 墩柱混凝土浇筑

为减轻混凝土入模冲击力对钢筋与模板间垫块的影响,混凝土自由落体高度大于2m时应采用串筒,必要时设置减速板。另外人员上下应通过专用软梯,禁止攀爬固定完毕的钢筋。振捣时严格控制振捣棒的落点位置在距离钢筋10~15cm处,严禁振捣棒碰触钢筋。

1)立柱施工方法

(1)模板加工。

模板应在专业厂家进行加工,圆形立柱模板可采用两块半墩柱形定型钢模。在模板定制时使用的钢板可按6mm进行加工,以保证模板的刚度及强度。模板加工时直径应比设计直径大5mm,做倒角并使曲面圆顺、尺寸准确、坚固耐用。每节模板应根据立柱的长度进行加工,每隔0.6~0.8m增加一道加强肋板,模板制作时应加工成企口缝,以防出现漏浆现象。

(2)施工放样。

在施工前首先将图纸提供的立柱中心坐标数据进行复核,复核无误后方可进行放样。放样时按照各立柱的坐标,用全站仪准确放出位置,并根据坐标轴线引出4个控制点在承台(系梁)上,便于支立模板时准确就位。

(3)钢筋加工及安装。

立柱钢筋采用在现场对接的施工方法。钢筋采用双面焊和单面搭接焊连接,双面焊长度为 $5d$,单面焊搭接长度为 $10d$。钢筋骨架制作时,按设计尺寸做好加强筋箍圈,并标出主筋的位置。把主筋摆在平整的工作平台上,并标出加强筋的位置。焊接时,使加强筋上任一主筋的标记对准中部的加强筋标记,扶正加强筋,并用木制直角板校正加强筋与主筋的垂直度,然后点焊。在一根主筋上焊好全部加强筋后,用机具或人工转动骨架,将其余主筋逐根照以上方法焊接好,然后吊起骨架放在支架上,按设计位置布好螺旋筋并绑扎于主筋上,点焊牢固。在现场吊装时,应根据立柱中心点用吊车将立柱钢筋笼吊放到位,并与立柱或承台钢筋骨架焊接成一个整体。在施工承台(系梁)时应注意预埋立柱钢筋必须满足规范要求的搭接长度。为保证钢筋保护层厚度,绑扎时应在钢筋上绑扎相同强度等级的混凝土垫块,混凝土垫块采用在专业厂家生产的梅花形垫块,以确保保护层厚度。

(4)模板安装。

立柱模板为定型钢模,在使用前应认真进行除锈工作,使钢模表面无铁锈、污物。模板安装时,桥墩模板顶部四周应对称采用紧固螺栓固定在四周地锚上,确保中线垂直度,模板间连接缝加海绵双面胶垫,以保证模板密贴、不漏浆。

模板采用内撑外拉法加固,外侧采用钢脚手架支撑稳固,以防止出现偏斜。

模板组装完毕、加固后,用经纬仪和水准仪检查、校正模板中线和高程,使垂直度、高程和各项尺寸符合要求。模板安装示意如图 4-34 所示。

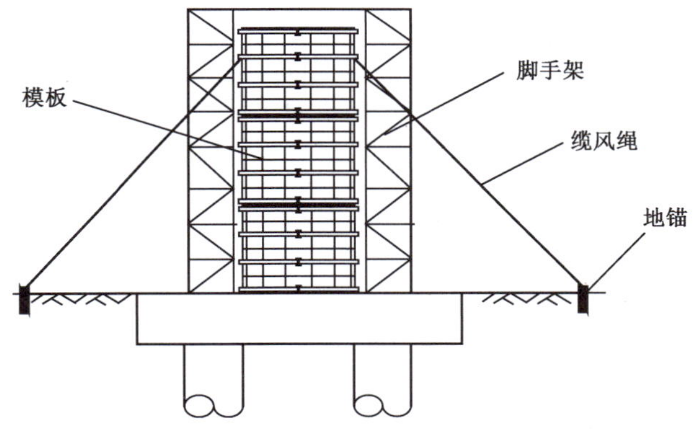

图 4-34　墩柱模板安装示意图

(5)混凝土浇筑。

立柱混凝土强度等级为 C30,采用标号为 42.5 的水泥。混凝土采用拌和站按设计配合比集中拌和,混凝土输送车运送,并采用混凝土输送泵泵送、串筒入模。插入式振动器应分层捣固密实,并分层、连续浇筑。

混凝土施工时应严格控制水灰比及坍落度,分层均匀对称灌注,每层灌注厚度不应超过 30cm,捣固棒按梅花形布设,插入下层混凝土 5cm 左右,严禁撞击模板及钢筋,防止出现漏振、过振,并按规范要求做 3 组标准养护试件和同期养护试件。立柱施工示意如图 4-35 所示。

2）立柱混凝土浇筑时注意事项

（1）混凝土应严格按照设计配合比换算的施工配合比配料，接头先用水泥纯浆淋湿。落差超过2m的部分用串筒下落混凝土，以防离析。混凝土应集中拌和，保证拌和时间不小于1.5min，拌和均匀。为了保证混凝土外观质量，坍落度应控制在7～9cm之间，不得过大。施工人员应在搭设坚固稳定的脚手架上施工，施工时应经常检查混凝土坍落度。

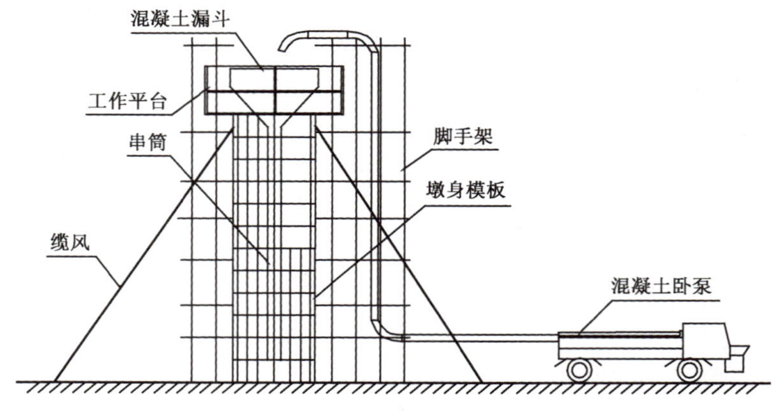

图4-35　立柱施工示意图

（2）浇筑前，要对所有操作人员进行详细的技术交底，并对模板和钢筋的稳固性以及混凝土的拌和、运输、浇筑系统所需的机具设备是否齐全完好进行一次全面检查，符合要求后方可开始施工。

（3）浇筑时，下料应均匀、连续，不要集中猛投而产生混凝土的阻塞。在钢筋密集处，可短时开动插入式振捣器以辅助下料。首盘料下料时，串筒下口距离不得大于1.0m，以防“烂根”现象发生。

（4）施工中随时注意检查模板、钢筋及各种预埋件的位置和稳固情况，发现问题及时处理。

（5）浇筑过程中，要随时检查混凝土的坍落度、和易性，严格控制水灰比，不得随意增加用水量，前后台密切配合，以保证混凝土的质量。

（6）加强混凝土振捣工作，正确进行振捣，尤应注意边部振捣，以防出现蜂窝、麻面。为防止振捣器与模板接触，应与模板保持一定距离，一般为10cm左右。采用插入式振捣器振捣，应每30cm一层分层浇筑，做到不漏振、不过振，振捣操作人员应加强责任心，施工中应经常总结经验，以提高振捣水平。

（7）质量要求：立柱混凝土28d抗压强度≥30MPa，立柱受力钢筋间距误差为±20mm；箍筋间距误差为±10mm；钢筋骨架尺寸长误差为±10mm，宽、高误差为±5mm；弯起钢筋位置误差为±20mm；保护层厚度误差为±5mm；立柱间距误差为±20mm，竖直度误差<0.3%H且不大于20mm；柱顶高程误差为±10mm；轴线偏位误差为±10mm；断面尺寸误差为±15mm。分节浇筑时，节段间错台误差为3mm；支座垫石轴线偏位误差为5mm；断面尺寸误差为±5mm；顶面高程误差为±2mm；顶面高差误差为1mm；预埋件位置误差为5mm。

4.7 本章小结

(1)加强原材料检验和验收,保证检测项目、频次和标准符合要求,杜绝不合格材料进入工地,特别应加强钢筋和水泥质量的把控。

(2)钢筋加工过程中完全采用了数控钢筋加工机械进行加工,确保了钢筋下料、加工尺寸的精确,每种型号钢筋采用了专用加工设备,确保该型号钢筋尺寸的统一标准,加工质量稳定可靠。

(3)不同规格的梁板,钢筋绑扎安装时都制作了专用胎模架,并在专用胎模架上进行了绑扎安装,有效控制了钢筋的间距及整体骨架的规格尺寸,保证了钢筋间距及混凝土保护层厚度的合格率。

(4)采用与梁板混凝土同强度混凝土垫块,例如 20m 空心板混凝土设计强度为 C50,采用强度等级 C50 以上垫块,确保垫块在钢筋自重及混凝土施工荷载作用下不被破坏,保证了梁板各部位强度的统一。

(5)在使用了特制的钢筋绑扎胎具、卡具后,钢筋的混凝土保护层厚度合格率平均值从 75% 提高到了 90% 以上。

第5章 大风高温气候下的混凝土养生

5.1 概　　况

混凝土的凝结与硬化是水泥与水产生水化反应的结果，在混凝土浇筑后的初期，采取一定的工艺措施，建立适当的水化反应条件的工作，称为混凝土的养生。养生的目的是为保证混凝土在硬化过程中创造出一定的湿度、温度所采取的措施。混凝土浇筑完成后，如果不及时进行洒水、覆盖，那么混凝土中的水分就会蒸发过快，出现脱水现象，使已形成的凝胶体的水泥颗粒不能充分水化，不能转化为稳定的结晶，缺乏足够的黏结力，从而会在混凝土表面出现片状或粉状剥落，影响混凝土的强度。此外，在混凝土尚未具备足够的强度时，其中水分过早、过度的蒸发还会产生较大的收缩变形，出现干缩裂纹，影响混凝土的整体性和耐久性。在实际施工过程中，由于受自然环境（如缺水地区）的限制及人为因素的影响，常常会造成混凝土的养护工作不能到位，严重时会造成重大质量隐患，给国家和人民的生命财产造成巨大损失。所以混凝土浇筑完成后的养生工作是保证实体质量非常关键的一个环节。

吐小项目位于吐鄯托盆地，夏季炎热，素有“火洲”之称，是全国最热的地方，年平均蒸发量达到2 837mm，年平均降雨量仅为15.6mm。该地区干燥、炎热、日照时间长，水分蒸发快，严重影响了混凝土的水化过程。如果在混凝土硬化过程中不能有效地进行保湿，那么由于混凝土内部水分蒸发过快造成的收缩会加速裂缝出现，早期混凝土凝固反应不完全，裂缝也最易出现。而加强混凝土的早期养生，会有效降低混凝土产生塑性收缩裂缝的概率。研究大风、干燥、大温差地区的养生工艺，应以方便可行、养生措施作用时间长为原则，这对切实有效地做好养生工作至关重要。

5.2 大风高温气候对混凝土养生的影响

5.2.1 大风对混凝土实体的影响

一般来说，风越大，空气流通性越好，水泥混凝土制件原本含有的水分在空气中不断蒸发，导致体积减小，容易影响实体质量，即易出现干缩裂缝。通常，出现干缩裂缝问题的制件使用年限最低为1年，最高为2年，因此要密切关注风力大小、风速等情况，做出科学、合理的应对措施。

施工单位可根据当地天气预报提前做出应对浇筑混凝土的措施，比如，在1级软风的条件下，可以按照正常风力进行施工，采取覆盖透水养生毡洒水养生，保持混凝土表面湿润，在6级强风的条件下，应强制停工。

5.2.2　高温对混凝土制件的影响

1)对混凝土搅拌的影响

(1)拌和时间、拌和用水量增加。

(2)混凝土流动性下降快,因而要求现场施工水量增加。

(3)混凝土凝固速率增加,从而增加了浇筑困难,流动性、和易性较差,增加了施工难度。

(4)收缩裂缝产生可能性加大。

(5)控制空气存在于混凝土内部的难度增加。

2)对混凝土硬化过程的影响

(1)因为较高的含水率和混凝土温度,将导致混凝土 28d 和后续强度的降低。

(2)因整体结构冷却或不同断面温度的差异,使得混凝土色差较大,严重影响外观质量。

(3)裂缝将导致混凝土整体性和耐用性能降低。

(4)由于水化速率或水中黏性材料比率的不同,会导致混凝土表面摩擦度的变化。

(5)腐蚀溶液进入会增加钢筋被腐蚀的可能性。

(6)高含水率、不充分的养生、碳酸化、轻集料或不适当的集料混合比例,可能导致混凝土渗透性增加。

3)其他影响

(1)高抗压强度混凝土的使用,需要的水泥含量较高。

(2)水泥的使用量将会增加水化速率。

(3)需要较大刚度的薄混凝土断面设计时,将使混凝土的养生与固化工艺变得复杂。

(4)需要在极限高温的条件下持续工作。

一般来说,温度越高,水分蒸发越快,导致原材料和混凝土制件中的水分大量缺失,变得干燥,不符合施工或使用要求。而且较高的气温可能加快混合料的凝结速度,进而导致温差裂缝,这种裂缝较为特别,如果裂缝问题不严重,则会隐蔽在混凝土制件中间,不易被发现,但是会给未来的投入使用带来安全风险,可能尚未使用 1 年就发生断裂。所以,在高温情况下浇筑混凝土制件时,一定要特别关注可能出现的温差裂缝问题。

5.3　常规养生

由于预制场内的水源较为充足,且有固定物遮挡,所以大风高温的特殊气候对预制场内混凝土的养生影响较小,因此预制场内的养生采取较为传统的喷淋养生及滴灌养生技术,预制箱梁采用喷淋养生(图 5-1),空心板、盖板及小型预制件则采用滴灌养生。

5.3.1　箱梁喷淋养生

1)箱梁喷淋养生流程

设计养生装置几何尺寸→加工喷淋养生装置→安装喷淋养生装置→清除轨道旁杂物→覆

盖养生毡→启动作业。

2）箱梁喷淋养生的技术要求

（1）喷淋系统要有足够的水源保证，水的流量应满足 20m³/h；同时为了满足供水的连续性，需要修建储水池，储水池容量可根据日产量确定，对于一般的日产 4 片梁，修建 8m³ 的储水池即可满足。若日产量较高，为节约成本，可在主水管上分段设置水阀，养生时进行分段喷淋，喷淋管的布设位置如图 5-2 所示。

图 5-1　预制场内箱梁喷淋养生现场

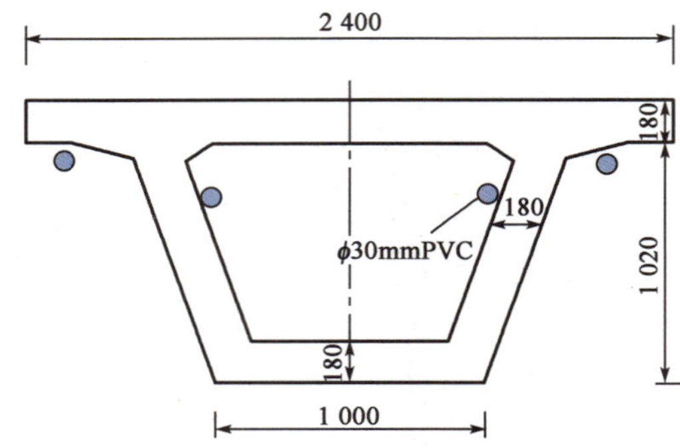

图 5-2　箱梁喷淋管的布设断面图（尺寸单位：mm）

（2）水泵压力应满足喷淋装置的要求，必要时可增加增压泵。

（3）养生时应保证 7d 不间断喷淋。

（4）经过喷淋后的施工用水进入排水沟，然后汇集到沉淀净化池内，经过沉淀后抽回储水池再进行回收利用，起到了既节约用水又保护环境的目的。

5.3.2　空心板、盖板以及小型预制构件的滴灌养生

预制空心板及盖板梁高尺寸较小，易于全封闭覆盖，因此采用滴灌养生技术。在建筑工程施工中，使用滴灌养生技术可以收到良好的养护效果。传统养生由人工负责，要在预制构件上覆盖麻袋，然后洒水养生，由于各种因素的影响，养生工作没有过多引起施工人员的足够重视，养生工程的效果受到一些影响。例如，由于外界温度高，人工洒水不均匀致使养生达不到要求。使用滴灌技术不仅减轻了工人的劳动强度，而且只要通过滴灌系统进行相应工作，便不会发生人工作业时出现的中断以及洒水不均匀的现象。滴灌技术不再使用麻袋进行预制构件覆盖，而是采用一种薄膜，让水在其内部呈现出水雾状，所达到的湿度也高于人工洒水的湿度，在实际的渗透能力上，水雾的渗透性能更强。利用滴灌技术使喷出的水能被最大限度地利用，进一步提升预制构件的养生效果。

1）滴灌养生技术原理

滴灌技术是以色列人开创的灌溉技术，由于该技术在灌溉中能节水增效，被世界各地的农场和园林广泛加以推广应用。如果对该技术略加改动，应用到公路工程中的混凝土等构造物的养护中来，对保证它们的质量（特别是干燥缺水地区）能产生意想不到的效果。滴灌养护技术在公路混凝土养护中的基本原理就是通过水泵抽水，经过过滤装置，以一定的压力将一定数

量的水送入主管道,然后主干管中的水用更细的支管、毛管分流,将水均匀地输送到设在端部的消能滴头,滴头以点滴的方式持续不断地向被养护的混凝土表面"输液",既保证了桥涵构造物混凝土的工程质量,又可以起到节水、节省人工费的积极作用,适用于类似于吐鲁番地区这样的大风高温气候下的预制件养生。滴灌养护系统如图5-3所示。

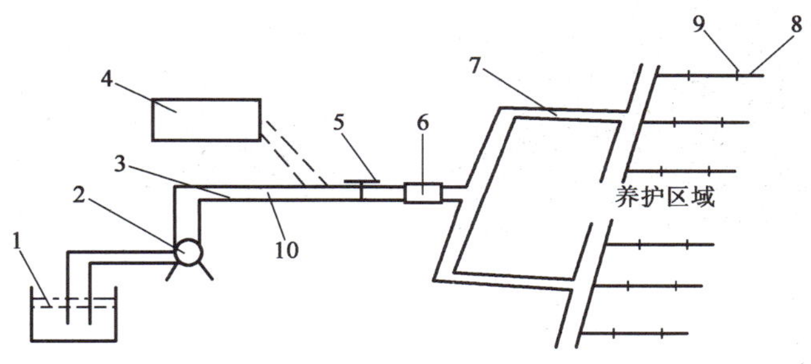

图5-3　滴灌养护系统图

1-水源;2-水泵;3-逆止阀;4-水塔(蓄水池);5-总开关;6-过滤器;7-支管;8-毛细管;9-滴头;10-总管

2)滴灌养生步骤

(1)将浇筑成型的空心板、盖板进行人工洒水。

(2)覆盖养生毡,保证养生毡全覆盖于预制成品外部。

(3)空心板平行铺设两条滴灌带(若无专用滴灌带,可用直径30mm的橡胶管每隔0.5m设置一个直径3mm出水孔代替)。

(4)调节水压,直至出水孔已进行至少7d的不间断养生,人工不定时巡视,防止突发状况的发生。空心板、盖板和小型预制构件的滴灌养生如图5-4～图5-6所示。

图5-4　预制空心板滴灌养生

图5-5　盖板滴灌养生

5.3.3　桥墩养生

桥梁圆形墩柱拆模后应立即用塑料薄膜包裹,顶部放置塑料桶,在塑料桶底部安装一个阀门,通过阀门安装滴灌带,水慢慢渗入混凝土表面,1桶水大约能够滴6～8h,每间隔6～8h通过水泵给滴灌桶补水,确保混凝土表面湿润(图5-7)。

图 5-6　小型预制构件滴灌养生

图 5-7　大河沿中桥墩柱养生

5.3.4　涵洞养生

涵洞基础因在地面以下基坑内，高度一般为 0.6 ~ 1.0m，混凝土浇筑完成后覆盖薄膜或养生毡并采用滴灌养生较容易，基本能够保证混凝土表面湿润达到养生效果。滴灌养生可采取两种方式，一是直接在混凝土上方放置滴灌桶，滴灌桶下方设置开关阀门，根据混凝土湿润情况控制其阀门大小，此养生方式适用于暗涵等结构物；二是在相对较高一端放置储水桶或储水池（图 5-8），将养生滴灌桶带放置在混凝土上方，通过养生滴灌带对基础进行养生，滴灌带每隔 0.5m 设置一个滴水孔，以保证混凝土都能均匀湿润。

a)

b)

图 5-8　涵洞养生

5.4　大风高温下的混凝土养生

墙身台帽处于地面较高位置，在无风的情况下可采取滴灌养生方式进行混凝土养生，即在墙身台帽拆除模板之前，混凝土浇筑完毕硬化后，立即洒水养生。拆除模板之后对整个墙身两侧覆盖养生毡洒水养生，将养生毡全面包裹于墙身，避免脱落。并在顶部设置带滴孔的储水桶，如图 5-9 所示。混凝土洒水养生时间一般应不少于 7d。每天定期洒 2 ~ 3 次水，并根据气温变化情况不定期的补充洒水，以保证涵墙身表面始终处于湿润状态。洒水应均匀，以保证涵洞墙身的各个位置都能得到充足的养生，并严格按前面的养生方法操作以保证混凝土强度。若桥涵墙身位于水源丰富的地区，亦可直接使用人工洒水养生，如图 5-10 所示。

图 5-9　无风天气下的墙身养生

图 5-10　水源充足时人工洒水养生

在有风的情况下则采用适合项目特点的新工艺——"抗风保湿自然养生法"。

1）抗风保湿自然养生法的产生

桥涵墙身及台帽高度一般为 3～5m，混凝土浇筑完成后仍然采用覆盖薄膜和养生毡进行滴灌养生时，存在因墙身高、风沙大，很容易将养生毡、薄膜吹开，混凝土表面水分立即丧失，加之当地气温高，水分蒸发快，需要大量人工来不断补水。吐鲁番地区养生用水极为匮乏，若工人一旦疏忽或因气温过高工人无法正常开展户外作业，混凝土养生就难以得到保证。

在对桥涵墙身养生时也尝试使用过混凝土养生剂、养生膜来进行养生，但养生膜的成本造价高，且养生膜在养生完成后，无法彻底清除，对混凝土外观会有一定影响（图 5-11）。

图 5-11　养生完成后无法去除的残膜

为解决以上养生难题，抗风保湿自然养生法应运而生，该技术是核工业西南建设集团有限公司针对大风高温天气，结合传统养生工艺，加以技术创新，探索并总结出的一种适合在吐鲁番地区特殊天气下桥涵墙身混凝土养生新工艺。

2)抗风保湿自然养生法技术原理

抗风保湿自然养生法原理是采用电焊网片或其他材料固定养生材料的技术,其具体方法为:将拆模后的墙身湿润,用塑料薄膜密贴,养生毡覆盖,用 10cm × 10cm 方格电焊网片压紧,利用墙身模板拆除后预留的对拉杆孔两面对锁形成整体,两个对拉杆之间用拉杆进行连接,以保证电焊网片紧贴墙身。

3)抗风保湿自然养生法的操作过程

(1)对浇筑成型的墙身进行人工洒水,使墙身彻底湿润。

(2)对湿润的墙身进行贴膜,采用普通的塑料薄膜即可,贴膜过程应确保薄膜的平整度,并尽量使薄膜与墙身贴合,不留空隙(图 5-12)。

(3)覆盖养生毡,将墙身全覆盖,不留空隙,防止大风将养生毡刮开(图 5-13)。

图 5-12　洒水铺设薄膜

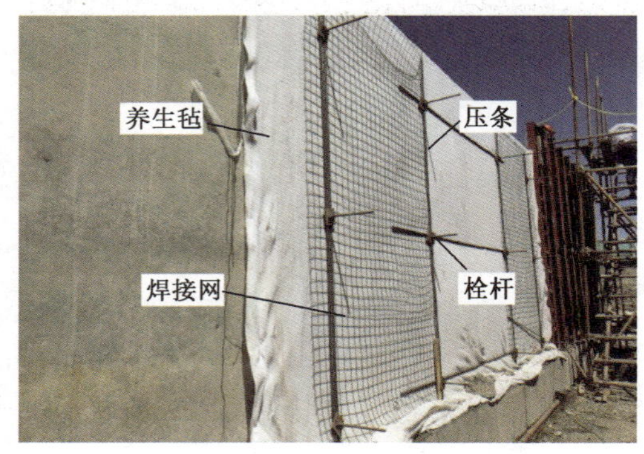

图 5-13　抗风自然养生法组成

(4)将电焊网片覆盖于养生毡外侧,利用墙身模板拆除后预留的对拉杆孔两面对锁形成整体,两个对拉孔之间用压条连接,保证电焊网片紧贴墙身(图 5-14)。

(5)根据现场天气情况进行不定期补水,在气温较高时可加大补水次数,以确保墙身湿润,保湿效果如图 5-15 所示。

图 5-14　养生材料固定

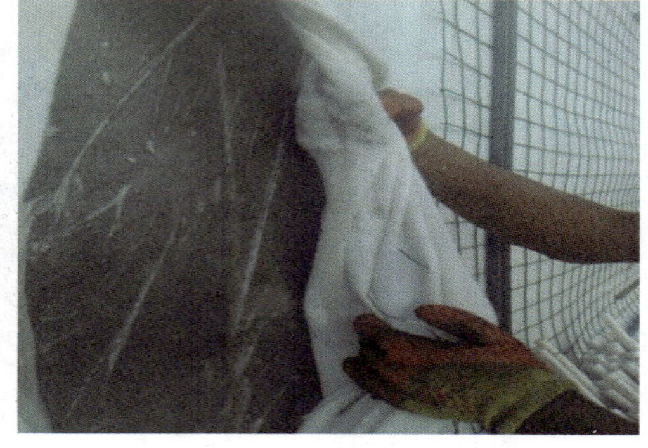

图 5-15　保湿效果

该方法可以有效避免因大风将薄膜、养生毡吹开造成混凝土缺水的现象,只需拆模时在混凝土表面一次性浇透水,以后每隔 2 ~ 3d 补水 1 次即可,既节水又保湿,效果明显(图 5-16),

养生质量得到了有效提高。

抗风保湿自然养生技术解决了传统养生方法无法解决的大风高温环境下桥涵墙身养生膜无法固定的问题，特别是这种特殊环境下的保湿养生。从施工成本看，采用抗风保湿自然养生可以大大降低墙身混凝土的养生成本，使用传统节水养生薄膜的养生成本约为 2 元/m^2，而采用抗风保湿自然养生法的成本为 1.2 元/m^2，其养生过程中使用的养生毡、电焊网片以及固定架均可以重复使用，节约成本的同时也减少了环境污染。

图 5-16　墙身抗风保湿自然养生效果

5.5　本 章 小 结

众所周知，在混凝土工程施工中，混凝土的养生工作很重要，但在实际施工中发现，多数施工单位和技术人员却忽略了高温大风环境对混凝土养生的不利影响，没有采取一定的预防措施，导致质量缺陷发生，因此要正确认识高温大风气候对混凝土施工的危害，并采取有效措施应对，才能保证施工质量。而在干旱多风高温的吐鲁番地区，混凝土的养生工作显得尤为重要。通过核工业西南建设集团有限公司吐小项目第 4 标段探索总结出的“抗风保湿自然养生法”现场实践运用，以及各标段预制场采用的滴灌、喷洒养生技术，混凝土养生质量得到了提高和保障，确保了混凝土强度和耐久性，值得推广应用。希望通过吐小项目极端自然环境下混凝土施工养生与裂缝控制措施成功的工程案例，对大风、干燥、大温差地区混凝土裂缝的控制措施进行分析，为后续应对更加复杂多变的自然环境中的混凝土施工养生与裂缝控制提供科学技术支撑，为新疆地区的公路建设提供宝贵的经验。

第6章 施工用电及安全

6.1 概　　况

6.1.1 编制依据

(1)《施工现场临时用电安全技术规范》(JGJ 46—2005)。

(2)《建筑物防雷设计规范》(GB 50057—2010)。

(3)《建设工程施工现场供用电安全规范》(GB 50194—2014)。

(4)《电气工程师手册》,机械工业出版社。

(5)其他相关依据。

6.1.2 编制范围

本内容适用于公路建设路基施工及预制场施工临时用电。

6.2 施工用电规划

6.2.1 总体规划

制梁场分为生产区和存梁区,由于预制场场内紧凑,生产区内给排水、电路、通道、门机行走轨道相互交错,对临时用电安全有着不小的挑战。吐小项目第2标段制梁场、钢筋加工厂及分部驻地在一起,经各方面考虑,计划安装1台500kVA变压器以保证工程施工。

6.2.2 现场临时用电负荷计算

根据施工现场实际用电需求进行临时用电负荷计算(表6-1),以保证施工的正常进行。

500kVA变压器负荷计算(制梁场、分部驻地、钢筋加工厂)　表6-1

序号	设备名称	额定容量(kW·kVA)	需要系数	功率因数	计算有用功(kW·h)	计算无用功(kW·h)	视功率(kW)	负荷电流(A)
1	龙门吊(10t)	3×40	0.7	0.8	84	63	105	159.53
2	龙门吊(60t)	4×75	0.7	0.8	210	157.5	262.5	398.83
3	钢筋加工小型设备	55	0.7	0.8	38.5	28.875	48.125	73.12
4	照明及办公	150	0.7	1	105	0	105	159.53
5	电焊机	5×22	0.3	0.6	33	44	55	83.56
小计					470.50	293.38	575.63	874.57

6.2.3　供电线路施工工艺

(1)电缆采用五芯电缆,包含全部工作芯线和用作保护零线或保护线的芯线;五芯电缆包含淡蓝、绿/黄两种芯线。淡蓝色芯线用作 N 线;绿/黄双色芯线用作 PE 线。

(2)所有小型设备及手持电动工具必须使用三芯或五芯电缆;所有大型设备就地接地,电阻要小于 10Ω。

(3)所有小型设备,如电焊机等必须加装漏电保护配电箱,以达到三级配电两级漏电保护的要求。

(4)所有动力柜、配电箱处均需选用长 2.5m、50mm × 5mm 镀锌角钢垂直接地体,接地线选用 40mm × 40mm 的镀锌扁钢引出地面。

(5)箱式变电站中性点接地,必须由供电部门实施,箱式变电站安装方施工接地电阻应小于 1Ω,用 BV 线(35mm 以上)作为接地线(通常接地电阻可低于 1Ω),连接采用焊接或镀锌螺栓连接并做防腐处理。

(6)场内主线电缆需专设电缆槽,如顺排给水通道则套 PVC 管,穿过钢轨时应在钢轨基础台座上预埋钢管。

(7)室外配电箱高度为 1.4m 左右,室内配电箱高度为 1.8m 左右,室内插座、开关高度为 1.3m、办公桌处的插座高为 0.5m。

(8)动力柜、配电箱均须有防雨功能,电线穿房间进室内或进配电箱、配电盒时必须穿护套管。

(9)室外灯具距地面不得低于 3m,室内灯具不得低于 2.4m。

(10)钠灯、金属卤化物灯具的安装高度宜在 6m 以上,灯线不得靠近灯具表面。

(11)投光灯的底座应安装牢固,按需要光轴方向将框轴拧紧固定。

(12)灯具内的接线必须牢固,灯具外的接线必须做可靠的绝缘包扎。

6.2.4　接地系统

1)TN-S 系统接地原则

(1)采用 TN 系统做保护接零时,工作零线(N 线)必须通过总漏电保护器,保护零线(PE 线)必须由电源进线零线重复接地处或总漏电保护器电源侧零线处引出,形成局部 TN-S 接零保护系统。

(2)做防雷击接地机械上的电气设备(如拌和楼粉料仓),所连接的 PE 线必须同时做重复接地,同一台机械电气设备的重复接地和机械的防雷接地可共用同一接地体,但接地电阻应符合重复电阻值的要求。

(3)PE 线严禁装设开关和熔断器,严禁通过工作电流且严禁断线,PE 线必须采用多股铜芯线。

2)配电柜的接地

所有总配电柜、分配电柜柜体均需接地,接地零线需做重复接地。开关箱通过 PE 线接地,重复接地线采用 16mmBV 线,接地体选用加装人工接地体,通常接地电阻应满足 10Ω 以下，采用螺栓连接，并采用沥青防腐措施。

3）箱式变电站中性点的接地

由供电部门箱式变电站安装方施工，用BV线（35mm以上）作为接地线（通常接地电阻可低于1Ω），采用焊接或用镀锌螺栓连接，并做防腐处理。

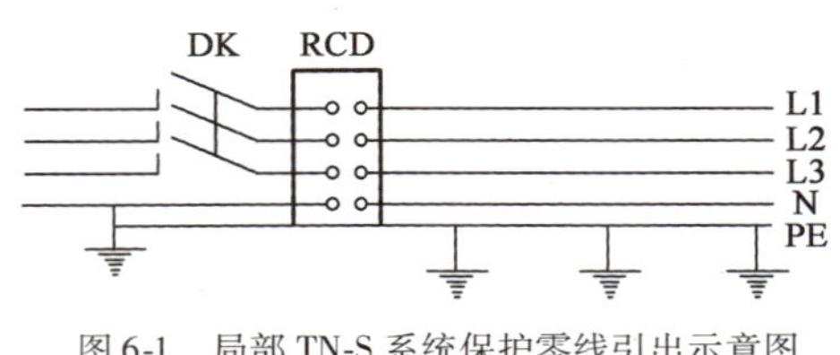

图6-1　局部TN-S系统保护零线引出示意图

4）机械设备的接地

因为采用TN-S系统（图6-1），设备与保护零线联系在一起，不再做另外的接地。对于保护零线，将由工作零线、总配电箱电源侧零线或分配电箱漏电保护器电源侧零线引出。严禁将一部分设备作保护接零，另一部分设备作保护接地。

6.2.5　应急电源的设置

考虑到外电电网的检修、故障及事故跳闸，为确保施工的连续性和施工设备的安全，必须设置应急电源。为了方便施工，项目部可自备1台250kW的发电机。

6.3　用电安全保证措施

施工现场主要干线采用架设空线，预制场、各桥梁施工现场的大型用电设备与配电柜连接的线路主要为地埋线（用槽砖砌一道线槽并保障其散热良好），办公室照明采用塑料线槽配线。配电箱和开关箱的进、出线应使用橡皮绝缘电缆。各施工点均应设立一部临时配电箱。固定式配电箱、开关箱的底部与地面的距离应大于1.3m并小于1.5m，其设置地点应平坦并高出地面20cm，在周围设置围栏并搭设防雨防砸棚，并在围栏上悬挂警示标志。

6.3.1　配电应满足“三级配电、二级保护”要求

（1）进入施工现场的电器设备、固定吊装设备、钢梁梁体等可能因雷电或外壳带电造成人身伤害的设备、设施，均应安装防雷接地线。

（2）用电设备实行一机一闸一漏一箱制；不得用一个开关直接控制2台以上的用电设备。

（3）施工现场用电，要严格遵守用电设计规定，不得私自拉线和装设插座、插板。

6.3.2　配电箱及开关箱要求

（1）固定式配电箱及开关箱的底面与地面垂直距离不得小于1.3m，移动式配电箱与开关箱的底面与地面的垂直距离应大于0.6m，并防雨防潮。

（2）配电箱及开关箱应设置在干燥、通风及常温场所，严禁设在有瓦斯、烟气、蒸汽及其他介质的环境中，并采取防晒、防尘、防雨、加锁、标识等措施。

（3）配电箱和开关箱内设置的开关、电线和熔料丝型号应与电流相匹配。

（4）配电箱应悬挂或粘贴“当心触电”“注意安全”等警告标志。

6.4 防护措施

6.4.1 安全用电组织措施

(1)建立安全检查制度,内容包括接地电阻、电气设备绝缘、漏电保护器动作灵敏度、用电设备是否安全可行等,并做好检查记录。

(2)建立临时用电施工组织设计编制、审批、验收制度。

(3)建立技术交底,履行交底人与被交底人的签字手续,并写明交底日期。

(4)建立维修制度,做好维修工作日志,内容应详细。记载维修时间、内容及处理结果并应有维修人员及验收人员签字。

(5)建立拆除制度,不用的闸箱设备应随时拆除。

(6)建立安全用电责任制并落实到人。

(7)持证上岗并禁止非电工无证上岗。

(8)进行专业培训,提高电气工作人员的技术水平。

6.4.2 电气防火技术措施

根据建设工程电气防火条例的规定,结合工程实际情况,本着预防为主,消防结合的方针,总结工程电气防火技术管理的办法如下:

(1)严格执行操作规程,合理配置、整定、更换各种保护电器,对电路和设备的过载、短路故障进行可靠的保护,不带病运行。加强设备线路的安全技术管理,保证设备不超载。

(2)合理选用消防器材,在总配电柜(室)处配置干粉灭火器材并禁止烟火,对分配电箱、开关箱设置干燥沙坑。

(3)做到安全用电,节约用电,保证人走灯灭,人离机停。

(4)加强巡视制度,做好巡回检查记录。在电气装置和线路周围不堆放易燃、易爆和强腐蚀介质。不使用火源、发现电气隐患应及时消除。

(5)加强电气设备间的隔离以及设备与地面的绝缘,防止闪烁。合理设置防雷装置。

(6)加强易燃、易爆物品的使用和管理,搞好消防培训教育,严格执行监护制度,做到安全、经济、合理、有效。

6.5 用电应急预案

6.5.1 事故类型和危害程度分析

1)事故类型

(1)漏电、人体接触引起的人员触电事故。

(2)布设及用电不规范导致的火灾事故。

(3)超负荷用电导致的电气设备损坏或临时用电系统破坏瘫痪。

2)危害程度分析

(1)未按规定布设和维修保养电气设备(工具),用电线路及设备易造成漏电,导致触电事故和用电火灾事故。

(2)违规操作和误操作易造成触电和用电火灾事故。

(3)未设置用电保护装置和保护系统,超负荷用电易造成用电设备、电气装置和用电系统破坏瘫痪。

(4)电气设备、用电装置、配电线路受到风沙、雨雪、雷电、水溅、污染、强烈阳光照晒和腐蚀介质侵害,机械意外损伤,易造成绝缘损坏,导致漏电触电事故。

6.5.2 应急处置组织机构

项目经理部成立以项目经理为组长,项目副经理、总工程师、安全部长为副组长的安全事故应急领导小组(图6-2)。项目安全事故应急领导办公室设在项目安全部,工区应急抢险队办公室设于各工区安全质量组办公室。

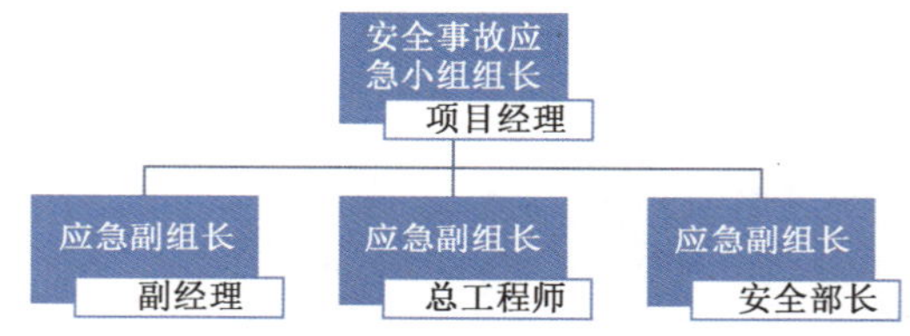

图6-2 安全事故应急领导小组组织机构图

6.5.3 预防与预警

1)危险源监控

用电设备为5台及以上或设备总容量为50kW及以上时,应编制施工临时用电组织设计,专业工程技术人员进行技术交底。按组织设计和技术交底实施后,项目负责人组织检查验收。使用过程中,专职安全员负责监督检查,现场专业电工每天进行巡检维护电气设备和装置、用电设备、配电线路、用电工具等,发现问题应及时处理并上报。

2)预防控制措施

(1)按照《施工现场临时用电安全技术规范》(JGJ 46—2005),编制临时用电施工组织设计,并按规定批准、指挥部(分部)组织现场验收合格后实施。

(2)实行安全技术交底制度,安全技术交底由专业电气工程技术人员负责。

(3)安装、维修、移动、检测或拆除临时用电工程和电气设备必须由电工完成。电工必须持特种作业人员操作证上岗。非电工严禁接拆电气线路、电气设备等。

(4)在使用设备的过程中用电人员必须负责保护所用设备的负荷线、保护零线、漏电保护器、开关箱和有关防护设施。

(5)变压器容量、导线截面和电器的类型、规格要依据计算负荷严格选择,安装前必须实行绝缘性能检测。

(6)线路敷设必须按技术规程要求进行,并按规范保持安全距离,距离不足时,应采取有效措施进行隔离防护。带电体之间、带电体与地面之间、带电体与其他设施之间、工作人员与带电体之间必须保持足够的安全距离,距离不足时,应采取有效的措施进行隔离防护。

(7)根据不同的环境,正确选用相应额定值的安全电压作为供电电压。安全电压必须由双绕组变压器降压获得。

(8)在有触电危险的处所或容易产生误判断、误操作的地方,以及存在不安全因素的现场,应设置醒目的文字或图形标志,提醒人们识别、警惕危险因素。

(9)采取适当的绝缘防护措施将带电导体封护或隔离起来,使电气设备及线路能正常工作,防止人身触电。

(10)采用适当的保护接地措施,将电气装置中平时不带电,但可能因绝缘损坏而带上危险对地电压的外露导电部分(设备的金属外壳或金属结构)与大地作电气连接,减轻触电的危险。

(11)施工现场供电必须采用 TN-S 的三相五线的保护接零系统,把工作零线和保护零线区分开,通过保护接零作为防止间接触电的安全技术措施,同一工地不能同时存在 TN-S 两个供电系统。

(12)各种高大设施应按规定安装。

3)注意事项

(1)在同一台变压器供电系统中,不得将一部分设备做保护接零,而将另一部设备作保护接地。

(2)采用保护接零的系统,总电房配电柜两侧、配电箱(二级)及开关箱(三级)均应做重复接地。其工作接地装置必须可靠,接地电阻值不小于 4Ω。

(3)所有振动设备的重复接地必须有两个接地点。

(4)保护接零必须有灵敏可靠的短路保护装置配合。

(5)电动设备和机具实行一机一闸一漏电一保护,严禁一闸多机,闸刀开关选用合格的熔丝,严禁用铜丝或铁丝代替保险熔丝。按规定选用合格的漏电保护装置并定期进行检查。

(6)电源线必须通过漏电开关,开关箱漏电开关控制电源线长度≤30m。

4)预警行动

(1)预警信息的发布条件。

①分析的事故类型及危害。

②施工用电现场出现地震、暴雨(雪)、大风(沙尘暴)、雷电等气象。

③配电线路和用电设备、电气设备连续跳闸、突然冒烟、发生火灾等。

④其他可能引起施工用电事故的灾害性事故及突发性严重隐患。

当发现和采集到以上预警信息范围内容时,应通过预警系统网络、预警程序、预警方式、预警内容立即发布预警信息。

(2)行动要求。

①各分部、指挥部及其管理部门接到可能导致施工用电事故及险情的信息后,应及时确定

应对方案，通知有关部门、单位采取相应行动预防事故发生，并按照预案做好应急准备；必要时，要及时报告上级单位及当地政府。

②公司及其管理部门接到可能导致施工用电较大及以上事故信息后，应密切关注事态进展，及时给予指导协调，并按照预案做好应急准备工作；事态严重时应及时上报上级单位和当地政府，并报告供电单位采取措施。

6.5.4　信息报告程序

1）报警程序及时限

事故发生后或有可能发生事故时，目击者、操作人员立即报告现场负责人，经现场负责人查看确认后，立即用最快方式通知分部和指挥部，分部、指挥部应马上启动应急抢险预案，并由指挥部立即上报上级单位或当地政府有关部门。

2）报警方式及内容

（1）对施工现场作业人员及周围群众采用口头、喇叭等报警方式。

（2）对上级单位和当地政府、供电部门、外部救援机构采用固定值班电话、手机、传真等报警方式。

（3）内容：发生时间、地点、事故类别、简要经过、人员伤亡；发生单位名称，事故现场项目负责人姓名；工程项目和事故险情发展势态、控制情况，紧急抢险救援情况；原因、性质的初步分析；报告单位、签发人和报告时间。

6.5.5　应急处置

1）响应分级

（1）发生一般事故及险情时，应启动工程指挥部、公司级预案并上报集团公司。

（2）发生较大及以上事故及重大险情时，应启动集团公司综合预案。

（3）在内部分级响应时，应报告当地政府应急救援机构。

2）响应程序

（1）应急指挥。

应急指挥部根据事故及险情的性质、类别、危害程度、范围和可控情况，提出具体意见，并做出如下安排：

①对事发分部做出具体的处置指示，责成本级有关部门立即采取相应措施。

②各应急工作组到位并开展工作。

③向上级报告，必要时，请求供电部门和政府支持。

④落实上级单位、政府部门及应急机构的有关指示，及时与事发单位有关方面联系，掌握事故动态，督办落实情况。

（2）应急行动。

①事故及险情发生后，指挥部在报告的同时，应按照制订的应急预案开展自救。尽快组织抢救伤员，判定事故原因和可能造成的危害，采取措施，防止事故扩大，并保护好现场。

②按预案规定职责明确各应急工作组救援任务，开展救援。

(3)资源调配。

组织调配、征用本单位或协作单位抢险救援队伍，调配应急救援物资、装备、器材、药品、医疗器械、抢险车辆等物资以及占用场地。

(4)应急避险。

①在疏散人群过程中，要选择开辟专用安全通道，合理有序引导撤离，防止出现相互践踏或二次事故。

②在现场抢救伤员的过程中，要正确施救，避免受伤人员加重伤情。

③参加应急抢险救援的工作人员，应当装备齐全各种安全防护用品或消防器材、绝缘工具和安全设备，事发现场应当进行必要的技术处理。

④在控制事态发展应急过程中，先要确认断电并防止抢救人员触电。

a. 未采取绝缘措施前，救护人不得直接触及触电者的皮肤和潮湿的衣服。

b. 严禁救护人直接用手推、拉和触摸触电者，救护人不得采用金属或其他绝缘性能差的物体(如潮湿木棒、布带等)作为救护工具。

c. 在拉拽触电者脱离电源的过程中，救护人宜用单手操作。

d. 当触电者位于高位时，应采取措施预防触电者在脱离电源后，坠地摔伤或摔死(电击二次伤害)。

e. 夜间发生触电事故时，应考虑切断电源后的临时照明问题，以利救护。

(5)扩大应急。

若事故比较严重，指挥部没有能力、无法采取措施组织救援和无力控制势态时，应立即扩大应急，并及时向集团公司和政府、供电部门、社会应急救援机构(如 119、120、110 等)报告，请求启动他们的应急救援预案。主要情形有：

①施工用电线路及设备设施引起施工现场大面积火灾，可能影响周边环境，导致救援及周边人员伤害的。

②用电系统瘫痪或由于漏电引起群体人员触电的。

3)处置措施

各级应急组织应针对事故特性，及时、有序、有效地实施现场急救与安全转移伤员，最大可能降低人员伤亡、减少事故损失。

(1)对事故危害情况进行初始调查评估，包括事故范围及事故危害扩展的潜在可能性以及人员伤亡和财产损失情况。

(2)封锁事故现场，建立现场抢险救援工作区域，实行警戒。工作区域内，严禁一切无关人员、车辆和物品进入，同时，开辟应急救援人员、车辆及物资进出的安全通道，维持事故现场的社会治安和交通秩序。

(3)紧急疏散人员。发生事故时，应立即确定事发地作业人员和周边群众的疏散区域，下达人员疏散的指令，组织人员疏散和清场检查，并做好疏散过程中的医疗、卫生保障和救助。

(4)采取措施，排除险情，防止事故扩大。根据发生事故现场用电设备、电气设备及装置、配电线路的布置、输电走向、分级配电箱及开关控制设备，确认事发起源点，及时制定抢险救援的技术方案，并迅速采取特定的安全措施。

①若是低压线路，立即断开电源，关上线路开关和总开关；如果电源开关较远，则可用绝缘材料把触电者与电源分离。切勿试图关上使用电器和设备用具开关，因为可能正是该开关漏电。切勿用手触及伤者，也不要用潮湿的工具或金属物质等非绝缘物件把伤者拨开，也不要使用潮湿的物件拖动伤者。

②若是高压线路触电，马上通知供电部门停电，如一时无法通知供电部门停电，则可抛掷导电体，让线路短路跳闸，再把触电者拖离电源。

③脱离电源的基本方法有：

a. 将出事附近电源开关闸刀拉掉或将电源插头拔掉，切断电源。

b. 用干燥的绝缘木棒、竹竿、布带等物将电源线从触电者身上移开或者将触电者拖离电源。

c. 必要时用绝缘工具（如带有绝缘柄的电工钳、木柄斧头）切断电源线。

d. 救护人可戴上手套或在手上包缠干燥的衣服、围巾、帽子等绝缘物品拖拽触电者，使之脱离电源。

e. 如果触电者由于痉挛手指导线缠绕在身上，救护人应先用干燥的木板塞进触电者身下使其与地绝缘来隔断入地电流，然后再采取其他办法把电源切断。

f. 如果触电者触及断落在地上的带电高压导线，且尚未确证线路无电之前，救护人员不得进入断落地点 8 ~ 10m 的范围内，以防止跨步电压触电。进入该范围的救护人员应穿上绝缘靴或临时双脚并拢跳跃地接近触电者。触电者脱离带电导线后，应迅速将其带至 8 ~ 10m 以外立即开始触电急救。只有确认线路已经无电，才可在触电者离开触电导线后就地急救。

④高空出现触电事故时，应立即截断电源，把伤人抬到附近平坦的地方，立即对伤人进行急救。

⑤出现用电引起的火灾，应切断电源、可燃气体（液体）、材料的输送，组织自救队伍使用消防器材迅速展开灭火，若事态情况严重，难以控制和处理，应立即在自救的同时向专业队伍救援，并密切配合救援队伍。

（5）抢救伤员，组织救治。进行受害人员的现场抢救或者安全转移，立即打电话叫救护车，或立即送伤者到医院急救，保障“120”救护车由事故现场至救治医院的道路畅通。

①触电急救的要点是动作迅速，救护得法，要贯彻“迅速、就地、正确、坚持”的触电急救八字方针，根据触电者的具体症状进行对症施救。

②触电者未失去知觉的急救措施：让触电者在比较干燥、通风暖和的地方静卧休息，并派人严密观察，同时请医生前来或送往医院诊治。

③触电者已失去知觉但尚有心跳和呼吸的急救措施：使其舒适地平卧着，解开衣服以利呼吸，四周不要围人，保持空气流通，冷天注意保暖，同时立即请医生前来或送医院诊治。若发现触电者呼吸困难或心跳失常，应立即施以人工呼吸及胸外心脏按压。

④对“假死”者的急救措施：当判断触电者呼吸和心跳停止时，应立即按心肺复苏法进行抢救。

（6）排查事故原因。组织有关专业技术人员排查事故原因和可能存在的其他危害。

（7）疏散人员安置。将从疏散区转移出来的施工作业人员及群众运送至安置场所，做好宣传解释和安抚工作。

(8)消除危害后果。对受损坏的配电线路、电气设备及装置进行更换,并通过检测试验合格和组织验收后使用。如发生火灾,应采取封闭、隔离、清洗等措施,防止继续危害和对环境的污染,对造成的危害场所及物质进行监测、处理,直至符合国家环境保护标准。

6.5.6　应急主要物资与装备保障

(1)医疗器材:担架、氧气袋、塑料袋、小药箱。

(2)抢救工具:5m 绝缘杆(1 根)钢筋场地备用的短路接地极两处(用 $\phi50\times1500$mm 钢筋打入地下 1.5m,焊好接电线的螺杆,拧上螺母 M12),两根 70mm^2 铝芯线各长 50m,一根 $\phi20$ 长 30m 棕绳,一根 $\phi12$ 长 30m 尼龙绳;符合安全要求的电工专用工具 2 套。

(3)照明器材:手电筒、应急灯 36V 以下安全线路、灯具。

(4)通信器材:电话、手机、对讲机、报警器。

(5)灭火器材:灭火器(符合消防规范)。

(6)运输工具及车辆:运输车、指挥车。

以上应急器材、物资、设备由施工现场各分部统一管理,做好维护、保养和更新,保证状态良好。

6.6　本 章 小 结

做好施工现场临时用电安全管理工作是贯彻实施《中华人民共和国安全生产法》《施工现场临时用电安全技术规范》(JGJ 46—2005)等安全生产法律法规和规范的必然要求。施工单位承担安全生产主体责任,必须从培训、责任、投入、管理、应急救援等各方面予以落实,实现人、物与系统的安全可靠性,才能真正达到“本质安全”要求。施工用电安全标准化也是吐小项目日常工作的重中之重,各施工单位均严格按照项目指挥部的施工用电安全标准化进行各自标段的施工用电布设。

第 7 章　工地信息化建设

7.1　工地信息化建设的背景和必要性

信息化建设的第一层次是信息网络平台的建立，实现办公自动化。调查显示，传统建设工程项目中 2/3 的问题与信息交流有关。建设项目中 10% ~ 33% 的成本增加与信息交流问题有关。在大型工程项目中，因信息交流问题而导致工程变更和错误的约占工程总成本的 3% ~ 5%。可见信息交流对施工各参与方的重要性。借助于信息网络平台，可以实现项目内部信息的共享和及时地上传下达，使信息流通更加方便快捷。同时，建立以指挥部为核心的网络与通信系统，为项目部提供全方位的信息服务。通过便捷、快速的通信工具（如 QQ、微信、E-mail）、远程视频监控系统等应用，方便内部人员之间的及时沟通及对项目进展的掌控。通过应用网络多媒体视频工具使工程管理人员在办公室里就可以组织会议，视频信息通过宽带网络传达到各个项目部的终端，不但详细记录了会议的过程，而且还可以回顾会议中的重要信息，解决了异地施工项目信息的及时传递和存储问题，实现了高效率的网络协同工作。工地信息化的管理方式还可以提高工地安全生产管理水平、推进安全管理标准化；另一方面，建立项目的网上对外窗口，可以及时完成业主和工商、税务、社保、施工、监理、分包等之间的资料传输，既节约了成本，也提高了对外运转效率。同时，还要建立一个较为完整的集预防入侵、预防病毒、传输加密、认证和访问控制于一体的，包括有较完备安全制度、动态的信息系统安全体系。

7.2　工地信息管理系统的建立

7.2.1　信息化建设前期工作基础

为了加强各标段之间的沟通，达到相互学习，相互促进，相互监督的目的，吐小项目结合新疆维吾尔自治区交通厅公路工程建设标准化推广活动，各省市关于公路工程建设标准化实施准则也相继试行，为新疆地区公路工程信息建设标准化提供了依据。

构建公路水运施工现场的安全管理机制，强化安全监管的实效，信息化的建设必不可少。随着工地信息化建设的广泛开展及其考核评价实施的进一步深入，传统的安全管控方式与标准化施工的精细化管控需求的矛盾越来越突出，工地信息化建设工作的紧迫性日益凸显。

工程信息化建设围绕“工程信息化建设”实践相关的文件，从安全管理的文件策划到信息系统的构建，并为“工程建设标准化”的考核评价的决策工作提供基础数据支撑。

7.2.2　信息化建设的目标

为了提高吐小项目安全管理水平和应急保障能力，促进安全生产形势持续稳定，结合本项目实际情况，制订本目标。

本目标围绕本项目作业进度控制、安全生产管理、质量控制及信息交流四个方面，建立能够支撑建设项目全过程管理的信息化总控系统，按照工程建设项目管理要求对信息化条件下的管理控制原则及质量标准，对工程建设项目的安全管理实施事前介入、中间控制、事后检查全过程管理，使工程建设项目的安全生产管理工作与工程建设项目实现同步。同步管理是将安全生产管理与工程的管理联系起来，以工程自身的进度和过程来管理文档。通过建立工程安全生产保证体系、工程技术管理体系、工程检验评定体系，将安全生产管理与工程质量、工程技术管理、工程检验相结合，从而使安全生产管理服务于工程管理。

公路建设项目安全生产管理系统的核心就是利用现代网络技术、通信技术、计算机技术等现代信息技术手段来解决信息的采集、加工、利用的问题，提高我们的信息交流水平，传统的方式已远远不能满足公路建设项目信息化的要求，这是公路建设项目网络信息化下面临的新课题。公路工程信息化就是采用软件及硬件控制技术通过互联网实现安全生产管理，质量控制及信息交流。

建设公路建设项目信息化管理体系应达到以下目标：

(1)建立安全生产管理控制体系。

通过信息化手段，各个合同段项目部建立各项安全管理规章制度、各项操作规程、安全管理制度、安全生产教育培训制度、安全检查制度、安全生产费用保障制度、安全事故应急救援制度和安全事故报告制度。规划、建立项目整体安全管理保证体系。

(2)现场、驻地施工安全隐患管控。

信息化规范各项目部对所属合同段施工安全隐患情况自查和整改。指挥部、监理办制订施工安全隐患排查计划，建立施工安全隐患治理台账；对排查出的隐患应明确整改责任人、制订整改措施、确定整改时间，指挥部、监理办应对隐患治理情况及时复查。

(3)建立信息交流平台。

建立基于互联网的信息交流平台(QQ 群，微信群)，为工程建设参建各方提供高效的沟通手段，保证工程档案资料的及时传送。

(4)建立试验检测数据信息平台。

及时上传各种试验数据，使指挥部和质监站及时掌握检测数据是否合格，以便更好进行质量控制。

(5)建立监控系统。

建立预制场、拌和站视频监控系统，使指挥部随时了解项目预制场站情况。

7.2.3　信息化建设的原则

系统设计要符合相应的国际、国家标准和规范。无论是工程管理平台的设计还是业务应用系统的设计都应具备应用性、全面性、系统性、扩展性、先进性、易用性、安全性、稳定性和经济性原则。

(1)实用性。

针对本项目工程特点进行设计,确保适用于工程项目的施工管理从业务模型、功能设置、人机界面等方面充分体现对工程建设管理有针对地高实用性。为加强系统管理的力度,掌握系统运行的实时数据,系统设置了一些综合管理功能。

(2)全面性。

业务面向的对象是项目涉众的所有用户,如行政管理单位、业主单位、项目公司、承包人、监理、公众等。并且这些用户所授予的权限是不同的,系统覆盖了本项目所有用户的使用需求,并在后台系统中给以明确权限。

(3)系统性。

由于本项目业主在吐鲁番地区有多个项目同时在建或将要建设,其中部分项目也在或即将要使用与本系统类似的工程建设管理系统,因此要求本系统在部分功能上应与相关工程所应用的系统进行拼接;且能过渡到今后其他系统中。

(4)扩展性。

扩展性原则包含两个方面的含义:一是系统功能的扩展,随着管理制度的不断完善,系统的功能可能将进一步扩大,因此软件系统的建设应具备相应的扩展能力;二是用户数量的扩展,由于用户数量逐渐增多,本系统建设应具备随时扩充用户的能力。

(5)先进性。

系统应遵循实用性和先进性并重的原则。首先应紧密结合客户的实际需要选择计算机与软件开发技术;另一方面要采用世界先进技术,由于IT行业的技术更新换代很快,为了保证系统能够满足今后一段时间内应用的发展,在选择开发技术时必须要考虑先进性(如跨平台技术)。但同时也要考虑所用技术的成熟性和实用效果等方面的因素。

(6)易用性。

对于系统首页整体风格、栏目和内容,总体印象是丰富、细致、悦目,版面设计的构架、逻辑性、层次感一目了然,页面文本、图案的条理、色彩等具有能反映出有较好的视觉效果和引入一些友好人性化的辅助功能。加强信息利用,最大限度地节约服务器资源、提高服务器性能和响应速度。同时考虑搜索功能,使系统能为用户提供准确、全面、翔实、快捷的优质服务。

(7)安全性和稳定性。

系统的设计和建设应该充分考虑到网络的安全性和稳定性,应能保证各种在网数据的安全和完整,保证各类网络应用的畅通和稳定。系统本身的容错能力、纠错能力及输入数据的自动检验是系统安全稳定的重要部分。在各系统设计中,全面考虑了系统安全性。采用集中化的基于LDAP的用户管理,实现了基于角色的安全策略和统一的认证及授权。重要资料的通信进行了传输加密。

(8)经济性。

信息系统的建设,也要从经济性着眼。要充分利用现有资源,使已有的各种软、硬件资源,在本系统中得到充分利用,以保护原有投资;系统在设计时也考虑到了系统的维护运营成本。

7.2.4　实施方案

1）组织机构

（1）成立项目领导小组，由指挥长亲自挂帅，其他部门及各标段负责人参与。
（2）成立专门针对本项目的项目小组，实行项目经理负责制。
（3）成立专家咨询小组。
（4）完全按照相关规范进行组织设置和开发，组织机构如图 7-1 所示。

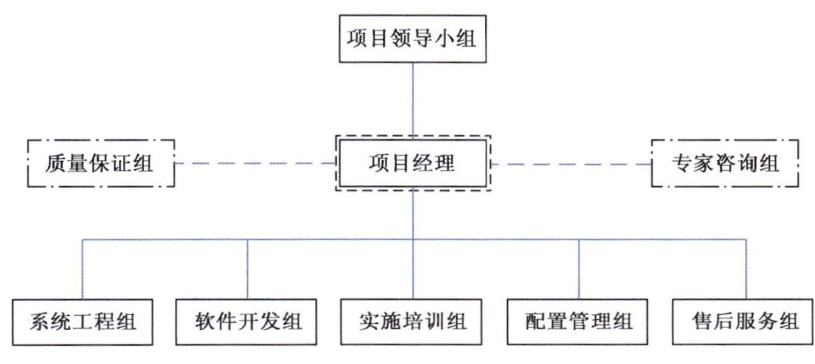

图 7-1　组织机构图

2）机构职责

项目的领导小组由副指挥长负责，各标段领导组成，主要责任为：
（1）提出系统应用所要达到的目标，信息化涉及的范围及评价考核标准。
（2）协调各业务部门之间的关系，解决系统与现有管理模式发生冲突的问题。
（3）调动及组织有关管理部门和项目实施小组，按计划逐步实施管理信息系统。
（4）决定项目实施小组的人选。
（5）审批新系统的工作流程及工作规程，保证项目高质量地进行。
（6）监控项目的进度和质量。
项目的外部专家组将在本项目进行的过程中，提供专业咨询和辅导。

7.2.5　主要硬件

（1）视频监控采用 200 万像素红外枪式网络摄像机，传感器有效像素为 1 920 × 1 080、200 万像素高清红外网络高速智球机，20 倍光学变焦、焦距为 5.5 ~ 110mm、红外补光距离 ≥ 150m，角度可根据焦距变化、0° ~ 360°连续旋转、支持预制点自动巡查。

（2）2 盘位 NVR 录像机，256Mbps 网络视频接入带宽、支持 32 个 SATA 接口、最大单盘容量 6TB，保证了全天的图像清晰度。

与厂家、安装人员紧密联系，约定售后服务相关条例，解决监控设备出现故障的后顾之忧。确保监控设备的连续有效。

7.3 项目信息化建设的意义

随着网络技术的发展与壮大，工程项目信息化逐渐成为工程项目管理必不可少的措施，也成为参与项目施工企业提高经济效益和管理水平必不可少的方法，所以工程项目信息化是提高项目经济效益和经营水平、提升核心竞争力，从而提高项目信息化建设水平的捷径。建立工程项目管理信息系统可坚持总体规划、系统设计、分步实施的原则。分阶段逐步实现工程项目管理信息的高度共享，提高工程项目管理的现代化和信息化水平。

工程项目管理信息化可分为两个阶段和模块实施，项目前期是施工企业业务流程的起步阶段，主要是对工程项目信息的搜集、整理、筛选，对工程项目可行性的分析研究，实现信息共享，以节省大量的人力物力；施工阶段是施工企业进行产品加工的阶段，管理信息化的实施可以对生产要素进行合理配置，综合应用电子商务技术，可以大大提高施工企业的劳动生产效率和效益。

这两个阶段的工作并不是孤立存在和封闭进行的，而是相互联系、相互支持、协调一致的系统。对这两个阶段的工作进行高度信息化管理，可以达到对施工企业生产要素的合理配置，减少管理层次，实现扁平化组织，优化劳动力资源配置，动态管理，实现资源共享。

在各项目部的预制场安装高清摄像头，通过视频监控系统管理人员能够实时观察现场的作业情况，如梁板的预制、结构物的养生、钢筋加工等。能够第一时间掌握现场情况（图7-2、图7-3），当发现有违反操作规程的现象出现时，可第一时间通知现场负责人，及时进行整改，从而保证工程质量。同时，也能实现对现场的施工安全进行监督管理，可以随时了解现场工作人员是否遵守安全操作规程，是否佩戴安全劳保用品，施工现场是否存在安全隐患等，发现问题能够第一时间进行处理。大大提高了管理的便利性和便捷性。系统的建立不但成了监督系统，同时也提高了现场作业人员的积极性与自律性。

图7-2　核工业西南建设集团有限公司（吐小项目第4标段）项目部显示屏

通过安装监控设备，指挥部、监理办、项目部可以全天候、多方位地看到各合同段拌和站、预制场的实时工作进展情况，有效地节省了人力物力；实时监控录像还可以被随时调出，方便对存在争议的问题进行举证。同时，也能约束活动区域人员的行为，起到一定的督促作用，有利于各级管理人员把握全局，了解生产、工作情况，提高工作效率。

图 7-3　中交第一公路工程局有限公司（吐小项目第 2 标段）预制场摄像头

吐小项目是全疆第一个将网络监控用于拌和站、预制场的项目，该项目立足实际，紧跟时代步伐，广泛运用现代网络数字化技术，结合项目自身情况不断创新，不断进步，同时，将创新成果运用于项目，为将吐小项目建成一条高效优质的利国富民大道奠定了坚实基础。

7.4　本 章 小 结

（1）工地信息化建设可以使工程建设信息的传递效率大大提高，可节约各方各单位传递信息的时间成本，节约工程造价 3% ~5%。

（2）工地信息化建设是工地建设标准化的重要组成部分，可提高项目管理效率。

（3）工地信息化建设原则包括应用性、全面性、系统性、扩展性、先进性、易用性、安全性、稳定性和经济性。

（4）工地信息化的建设成立了以指挥长为核心的领导小组，视频监控采用了 200 万像素红外枪式网络摄像机，传感器有效像素为 1 920 ×1 080、200 万像素高清红外网络高速智球机，成像好，传输快。

（5）能够第一时间掌握现场情况，保证了工程质量。对现场的施工安全进行监督管理，提高了管理的便利性和便捷性，同时提高了现场作业人员的积极性与自律性。

第 8 章　工程大事记

8.1　工程前期准备工作

(1)2016 年 1 月 12 日,在吐鲁番市召开了吐小项目征地拆迁启动协调会议。会上,吐小项目指挥部指挥长邓长忠介绍了吐小项目概况。新疆维吾尔自治区征地事务中心书记张新卫号召参与吐小项目征迁外业调查工作的各单位、各部门密切配合、积极协作。

(2)2016 年 2 月 20 日,吐托、吐小项目指挥部组织各参建单位进场,为项目尽快复工做好各项准备工作。

(3)2016 年 3 月 11 日,在吐鲁番市召开了吐小项目征地拆迁工作推进会议。

8.2　工程设计图纸审查

(1)2016 年 4 月 15 日,吐小项目召开图纸会审会议(图 8-1),会议由项目指挥部副指挥长胡雅群主持,各参建施工单位将施工设计图纸中存在的问题逐一提出,设计单位人员对所提出的问题认真予以逐条回复,并对与问题相关的设计指标、技术重点等方面内容进行了详细阐述。

图 8-1　胡雅群主持吐小项目设计图纸会审

(2)2016 年 11 月 4 日,新疆交通建设管理局房建办工程师黄建江、张民新,指挥部全体职工、设计单位、监理单位、两家施工单位项目负责人、技术总工对吐小项目房建图纸进行会审。

8.3　各项技术交底

(1)2016 年 3 月 6 日,吐小项目指挥部组织各监理、施工单位及设计代表召开了第一次环保水保专项技术交底会。

(2)2016 年 3 月 25 日,吐小项目第一次工地会议在吐小项目指挥部召开。新疆交通建设管理局、吐鲁番市政府、托克逊县政府有关领导,吐小项目建设指挥部、设计单位、监理单位及施工单位负责人参加了会议。

(3)2016 年 6 月 2 日,吐小项目第 3 标段在预制场召开了 8m 钢筋混凝土空心板首件工程总结报告会。为达到预制梁板外光内实的总体要求,吐小项目第 3 标段项目部及第 3 监理办相关负责人,对首件 8m 钢筋混凝土空心板的台座钢板打磨工艺、脱模剂涂刷工艺等施工控制要点进行了全过程指导。

(4)在大河沿立交至项目终点 15km 风区路段开展柔性防风墙课题研究。

(5)与新疆交通科学研究院联合承担新疆维吾尔自治区交通运输课题"新疆沥青路面长期性能研究"。

(6)联合长安大学,针对项目特殊气候条件,开展"零海拔超高温地区沥青路面耐久性研究"课题的申报。

8.4　上级领导指导工作

(1)2016 年 2 月 26 日,吐鲁番市人大常委会主任帕尔哈提·依不拉音,吐鲁番市副市长阿迪力·艾力,高昌区政府领导、市政府各局主要领导现场查看了吐小项目第 2、3 合同段,了解进展情况及存在问题,对施工单位提出的具体问题,现场安排相关业务管理单位限期内协调解决。

(2)2016 年 3 月 22 日 ~24 日,项目执行三处党委委员、副处长冯树林带领处技术科、合同科、政工科负责人来到吐小项目、吐托项目调研指导工作(图 8-2)。

图 8-2　冯树林一行指导工作

(3)2016 年 4 月 6 日，项目执行三处党委书记、副处长道布达携处相关科室负责人莅临吐小、吐托项目实地检查指导工作(图 8-3)。

图 8-3　道布达一行指导工作

(4)2016 年 5 月 12 日 ~13 日，新疆交通建设管理局工程管理处副处长黄善明带领三个执行处合同科的负责人对吐小项目的合同履约及投资控制管理等相关工作进行了专项检查。

(5)2016 年 5 月 16 日 ~17 日，新疆维吾尔自治区交通运输厅党委委员、副厅长王永轩一行莅临吐小、吐托项目，实地调研督查两个项目各项工作的进展情况。

(6)2016 年 6 月 16 日 ~17 日，项目执行三处党委副书记、处长张毅，项目执行三处党委委员、副处长吾布力・吐尔逊一行对吐小项目标准化施工、质量、进度情况进行了现场督查指导(图 8-4)。

图 8-4　张毅、吾布力・吐尔逊一行现场督查指导

(7)2016 年 7 月 16 日，新疆交通建设管理局党委副书记、局长燕宪国，项目执行三处党委副书记、处长张毅，局工程管理处副处长张斌，在项目指挥部指挥长邓长忠及各参建单位负责

人的陪同下对吐小项目进行了实地检查指导(图8-5)。

图8-5　燕宪国、张毅、张斌在邓长忠等陪同下实地检查指导

(8)2016年7月22日,新疆交通建设管理局党委委员、副局长王成,新疆维吾尔自治区交通运输厅工程管理处副处长陈文友,交通建设管理局工程管理处副处长李重阳一行督导检查吐小项目(图8-6)。

图8-6　王成、陈文友、李重阳一行督导检查吐小项目

(9)2016年7月30日,新疆维吾尔自治区交通运输厅党委书记、副厅长高江淮,厅党委委员、副厅长李志农,交通建设管理局党委副书记、局长燕宪国调研吐小项目(图8-7)。

(10)2016年8月27日,新疆维吾尔自治区交通运输厅副厅长汪宝良、工程处副处长陈文友,新疆维吾尔自治区质量技术监督局副局长赵尔胜督导调研吐小项目。

(11)2016年9月22日~23日,新疆维吾尔自治区交通运输厅党委书记、副厅长高江淮,厅党委委员、交通建设管理局党委书记、副局长苏彪,吐鲁番市委书记张文全,市政府副市长阿迪力·艾力一行调研指导吐小项目。

图 8-7　高江淮、李志农、燕宪国调研吐小项目

(12)2016 年 10 月 26 日 ~27 日,新疆维吾尔自治区交通运输厅党委副书记、厅长祖丽菲娅·阿布都卡德尔,厅党委委员、副厅长王永轩,交通建设管理局党委副书记、局长燕宪国,吐鲁番市人大常委会党组书记、主任帕尔哈提·伊布拉音,市委常委、组织部部长颜梅,市政府副市长阿迪力·艾力一行对吐小项目调研督导(图 8-8)。

图 8-8　祖丽菲娅·阿布都卡德尔、王永轩、燕宪国、帕尔哈提·伊布拉音、颜梅、阿迪力·艾力一行对吐小项目调研督导

8.5　质量监督及安全检查工作

(1)2016 年 4 月 12 日,项目执行三处党委委员、副处长吾布力·吐尔逊带领处质安科及相关工作人员对吐小、吐托项目进行了复工前的质量安全专项检查。

(2)2016 年 4 月 25 日,新疆维吾尔自治区质量技术监督局第四监督小组在交通建设管理局安全质量监督处处长巴合提·吾先的带领下,对吐小、吐托建设项目进行 2016 年第 1 次专项监督检查。

(3)2016 年 6 月 8 日,新疆交通建设管理局质量总监陈建壮在项目执行三处吾布力副处长、指挥部指挥长邓长忠等领导的陪同下顶着高温酷暑检查了吐小项目标准化施工情况。

(4)2016 年 6 月 19 日,新疆维吾尔自治区交通运输工程质量监督局副局长望远福、质量处处长李亮及检测组人员一行,在吐小项目指挥部副指挥长李代峰、吐小项目各监理、施工单位负责人的陪同下,全线检查质量管理工作(图 8-9)。

图 8-9　望远福、李亮一行在李代峰陪同下全线检查质量管理工作

(5)2016 年 6 月 20 日,新疆交通建设管理局质量总监陈建壮带领相关人员莅临吐小项目对工地标准化施工情况进行检查指导。项目指挥部指挥长邓长忠和各参建单位负责人陪同检查。

(6)2016 年 6 月 25 日,吐小项目指挥部组织设计单位、第 4 监理组、第 4 合同段施工单位对第 4 标段 K3 450 + 800 ~ K3 466 + 756.63 约 16km 利用 G30 右幅旧路加宽段路面进行弯沉检测(图 8-10)。

(7)2016 年 7 月 25 日,国家发改委稽查办对吐小项目开展专项稽查。

图 8-10　使用弯沉车测定旧路路面弯沉

(8)2016 年 9 月 1 日，新疆维吾尔自治区交通运输厅党委委员、总会计师曾伟，交通建设管理局财务审计处处长陈坚督导调研吐小项目资金使用情况。

(9)2016 年 9 月 20 日 ~26 日，新疆维吾尔自治区质量技术监督局对吐小项目开展年终综合监督检查。

(10)为积极响应新疆维吾尔自治区交通运输厅“质量年活动”，2016 年 5 月 5 日新疆交通建设管理局交通建设工程质量年活动在本项目第 1 合同段启动。根据质量年活动方案，要求各参建单位结合实际，制订各自的质量年活动方案，指挥部也制订了相应的质量年活动实施细则，层次清晰，目标明确，确保质量年活动顺利在吐小项目实施。结合本项目点多线长的特点，指挥部充分发挥监理作用，特别成立了以指挥长为组长、各监理组长为成员的“挂图作战、销号管理”工作领导小组。充分利用监理的管理力量，有效保障了吐小项目各项工作的迅速开展和实施(图 8-11)。

a)

b)

图 8-11　质量年活动启动仪式

8.6　主要项目开工、完工情况

(1)2016 年 4 月 8 日上午，吐小项目第 1 标段路基试验段开工建设(图 8-12)。

图 8-12　吐小项目第 1 标段路基试验段开工仪式

（2）2016 年 4 月 20 日下午，吐小项目第 1 标段涵洞首件工程开工建设（图 8-13）。

图 8-13　吐小项目第 1 标段涵洞首件工程开工

（3）2016 年 5 月 17 日～19 日，吐小项目涵洞首件盖板预制和桥梁钻孔桩首钻分别开始施工（图 8-14）。

图 8-14　吐小项目涵洞首件盖板预制和桥梁钻孔桩首钻开工

（4）2016 年 6 月 12 日，互联网监控技术在吐小项目全面落成，实现了 4 个合同段预制场、拌和站的远程视频办公。

（5）2016 年 7 月 6 日，吐小项目特殊路基处理和梁板预应力钢绞线张拉开始施工。

（6）2016 年 11 月 18 日，吐小项目第 1 标段预制梁板施工任务全部完成。

8.7　学习培训及技术交流工作

（1）2016 年 3 月 28 日，吐小项目指挥部组织全线施工单位主要管理和技术人员、监理组组长，前往白杨河大桥及 S202 线吐托项目路基施工现场观摩学习。

(2)2016 年 5 月 26 日为进一步贯彻新疆维吾尔自治区交通运输厅、交通建设管理局质量年活动精神，结合项目实际及新疆地区施工特点，吐小项目指挥部特邀请新疆维吾尔自治区交通规划勘察设计研究院专家徐慧芬进行了易溶盐试验宣讲培训。

(3)2016 年 7 月 7 日，吐小项目指挥部组织各参建单位的项目经理、总工、桥梁工程师、施工队负责人及监理办驻地监理工程师、桥梁工程师，一同前往吐小项目第一合同段 K3 386 + 830 小桥处进行了台身钢筋绑扎卡具应用的现场观摩学习(图 8-15)。

图 8-15 吐小项目指挥部组织各参建单位观摩学习台身钢筋绑扎卡具的应用

(4)2016 年 7 月 12 日上午，项目执行二处党委委员、副处长陆军携处技术科、合同科负责人以及部分项目经理、驻地人员等莅临吐小项目实地参观学习交流工作。

(5)2016 年 8 月 2 日，新疆维吾尔自治区交通运输厅党委委员、交通建设管理局党委书记、副局长苏彪带领全疆各在建工程项目 30 余名指挥长到吐小项目组织开展标准化施工现场观摩交流会(图 8-16)。

图 8-16 苏彪带领全疆 30 余名指挥长到吐小项目学习高速公路建设标准化施工

8.8　党风廉政建设

指挥长与各参建单位负责人签订了《廉政工作协议书》，与指挥部各部门签订了《党风廉政建设目标责任书》，与全体工作人员签订了《廉洁自律承诺书》，形成了“一级抓一级、层层抓落实”的工作机制。

指挥部组织学习了《习近平关于严明党的纪律和规矩论述摘编》《党员干部纪律学习读本》等理论书籍，按照“两学一做”活动要求，组织全体参建人员大力开展党纪、政纪、法纪学习教育活动，大力开展理想信念教育、廉洁自律教育和艰苦奋斗教育，引导指挥部全体工作人员树立正确的世界观、人生观和价值观。在中国共产党建党 95 周年纪念日期间，指挥部组织各参建单位开展了重温入党誓词（图 8-17）、手抄党章（图 8-18）等一系列活动。进一步坚定了党员的理想信念，增强了党性意识和基层组织凝聚力。促使党员干部以更加饱满的热情发挥共产党员的先锋模范作用，推动项目建设工作再上新台阶（图 8-19）。

图 8-17　重温入党誓词活动

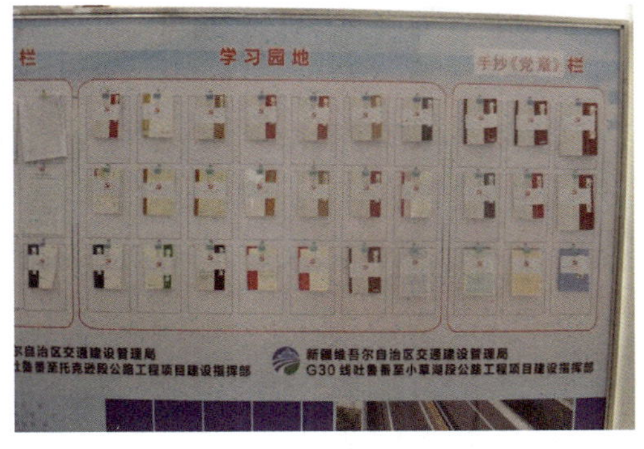

图 8-18　开展手抄党章活动

a)

b)

图 8-19　参建单位党风廉政文化宣传栏

附件 1　吐小项目文化墙

吐小项目在各标段标头标尾均设置了项目文化墙，对各标段工程情况进行了详细的说明。

宣传工作是促进项目发展的生产力构成要素之一，具有对外和对内的双重作用，它所塑造的项目形象和突出的项目精神面貌将成为外界了解吐小项目的一个重要窗口，因此宣传工作是提高项目知名度，树立项目良好外部形象，促进与政府、社会、公众之间沟通的一条桥梁。宣传报道也是项目文化的重要组成部分，是项目建设重要战略的催化剂。它对项目内部具有凝聚思想、引导及鼓舞作用，同时它也为各个标段及时、客观地反映项目进展、员工生产和生活情况，为上层领导决策提供广泛且重要的信息。

宣传牌由基础和文化牌两部分组成。基础长为 15.3m，宽为 0.65m，高为 0.65m，采用砖混结构，外表用红色瓷砖进行装饰；文化牌正面为指挥部、设计单位、监理单位、施工单位简介，背面为施工单位企业简介及工程概况（附图 1-1 ~ 附图 1-3）。

宣传牌高为 2.5m，长为 13.6m，宽为 0.2m，中间采用直径 10cm 不锈钢管作为立杆，间距为 2m，上面采用直径 7cm 不锈钢管作为立杆进行连接。

附图 1-1　吐小项目文化宣传牌

附图 1-2　吐小项目文化宣传牌正面

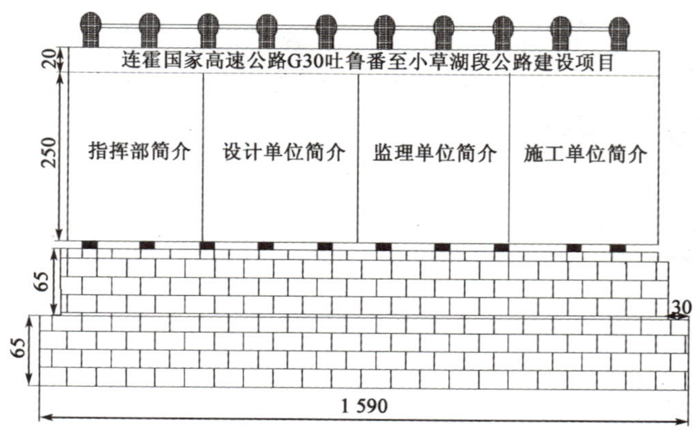

附图 1-3　吐小项目文化宣传牌设计模板（尺寸单位：cm）

附件2　国家发改委批复文件

国家发展和改革委员会文件

发改基础〔2015〕1782号

国家发展改革委关于新疆自治区吐鲁番至小草湖公路可行性研究报告的批复

新疆自治区发展改革委：

报来《关于连云港至霍尔果斯国家高速公路新疆境内吐鲁番至小草湖段公路工程可行性研究报告的请示》（新发改交通〔2014〕660号）及有关补充材料收悉。经研究，现批复如下：

一、为完善国家高速公路网络，改善区域交通条件，促进沿线地区资源开发和经济社会协调发展，同意建设吐鲁番至小草湖公路。

二、路线起自鄯善县土峪沟收费站西，接已建成的星星峡至吐鲁番高速公路，经胜金乡北、火焰山北、吐鲁番机场北、大河沿岔口，止于小草湖互通立交东，接已建成的小草湖至乌鲁木齐高速公路和小草湖至和田高速公路，全长约107.1公里。全线采用高速公路标准建设，设计速度120公里/小时。其中，起点至土峪沟段约2.6公里采用分离式断面，双向四车道，路基宽度

2×13.75米；土峪沟至大河沿段约86.2公里采用整体式断面，双向四车道，路基宽度28米；大河沿至终点段约18.3公里采用整体式断面，双向六车道，路基宽度34.5米。桥涵设计汽车荷载等级采用公路－Ⅰ级，其他技术指标应符合原交通部颁发的《公路工程技术标准》(JTG B01—2003)中的规定。

全线在土峪沟、大陕谷北、葡萄沟、吐鲁番、大河沿等5处设置互通式立交。同步采用一级公路标准建设吐鲁番连接线约7公里。

三、项目估算总投资为34.62亿元(静态投资32.74亿元)，其中，国家安排中央专项建设基金(车购税)13.57亿元作为项目资本金，约占总投资的39%，其余资金利用国内银行贷款解决。

项目单位为新疆维吾尔自治区交通建设管理局。

四、在后续阶段要进一步做好以下工作：

(一)加强工程地质勘察和“三十里风区”的风向风力相关调查，做好公路经过不良地质和风区路段的处置及防护工程综合设计，保障行车安全。

(二)结合沿线城市布局和路网规划等，优化局部路线及互通式立交布设方案，做好与相关公路、铁路、输油管线的衔接。

(三)合理运用路线平纵指标，避免高填深挖，尽可能少占耕地。

(四)落实征地拆迁政策，防范社会风险。

五、请项目单位严格执行国家有关招标投标的规定，项目的勘察、设计、建筑安装工程、监理、重要设备和材料采购等全部实行公开招标，招标组织形式采用委托招标。

六、本项目为政府还贷公路，项目的建设和经营管理应严格执行《公路法》、《收费公路管理条例》及相关规定。

七、请你委会同有关部门督促项目单位按照建设环境友好型、资源节约型公路的要求，通过加大新技术、新工艺、新材料、新理念的推广应用，优化设计，把保护生态和环境、节约和集约用地、节能减排等工作落实到位。

中华人民共和国

国家发展和改革委员会

2015年8月3日

抄送：财政部、交通运输部、国土资源部、环境保护部，国家开发银行，博拓投资有限公司，新疆自治区交通运输厅

参考文献

[1] 贾政.混凝土结构中钢筋保护层厚度的检测[J].城市建设理论研究,2014,(18):38-40.

[2] 吴天真.先简支后连续小箱梁桥的分析和试验研究[D].杭州:浙江大学,2005.

[3] 新疆维吾尔自治区交通运输厅. 新疆维吾尔自治区交通建设工程质量年活动方案[Z].2016.

[4] 新疆维吾尔自治区交通建设管理局. 新疆维吾尔自治区公路施工标准化手册[M].北京:人民交通出版社股份有限公司,2015.

[5] 交通运输部公路局. 高速公路施工标准化技术指南[M].北京:人民交通出版社,2012.

[6] 中华人民共和国行业标准.JTG D30—2015 公路路基设计规范[S].北京:人民交通出版社股份有限公司,2015.

[7] 中华人民共和国行业标准.JTG D60—2004 公路桥涵设计通用规范[S].北京:人民交通出版社,2004.

[8] 新疆维吾尔自治区地方标准.XJTJ 01—2001 新疆盐渍土地区公路路基路面设计与施工技术规范 [S].新疆:新疆维吾尔自治区交通厅发布,2001.